HOLT CALIFORNIA

CIENCIAS BIOLÓGICAS

Guía de estudio A

HOLT, RINEHART AND WINSTON
A Harcourt Education Company
Orlando • Austin • New York • San Diego • London

AL ESTUDIANTE

¿Necesitas repasar los conceptos del texto? Si es así, este cuaderno de trabajo te resultará útil. La *Guía de estudio* es una herramienta importante para que organices los conceptos que aprendiste en el capítulo y para que tengas éxito en los estudios. El cuaderno de trabajo tiene una Hoja de destrezas de lectura dirigida y un Vocabulario y resumen de la sección para cada uno de los capítulos.

Estas hojas de destrezas te servirán:

- como una guía de lectura para identificar y estudiar los principales conceptos de cada capítulo antes o después de leer el texto
- como un sitio donde anotar y repasar los conceptos y definiciones más importantes del texto
- como referencia para determinar qué temas aprendiste bien y qué temas debes estudiar mejor

Printed in the United States of America

ISBN 0-03-046479-X

1 2 3 4 5 6 7 018 10 09 08 07 06

Contenido

Clasificación

Introducción a las plantas

Los procesos de las plantas

Introducción a los animales

Organización y estructura del cuerpo

Circulación y respiración

Comunicación y control

Reproducción y desarrollo

Nombre ______________________ Clase ______________ Fecha ____________

Hoja de destrezas

Lectura dirigida A

Sección: Preguntas sobre la vida

Escribe la letra de la respuesta correcta en el espacio en blanco.

______ **1.** ¿Cuál es el primer paso de una investigación científica?
a. sacar una conclusión
b. investigar
c. hacer preguntas
d. resolver problemas

______ **2.** ¿Cómo se llama el estudio de los seres vivos?
a. tecnología
b. ciencias biológicas
c. investigación
d. hacer preguntas

TODO COMIENZA CON UNA PREGUNTA

______ **3.** ¿Qué muestran las algas, las secuoyas y las ballenas?
a. la diversidad de la vida
b. las ciencias biológicas
c. las investigaciones de laboratorio
d. hacer preguntas

______ **4.** ¿Cuál de las siguientes preguntas NO podrías hacer acerca de un ser vivo?
a. ¿Cómo se alimenta?
b. ¿Dónde vive?
c. ¿Cómo puedo construir uno?
d. ¿Por qué se comporta de determinada manera?

En tu propio jardín

______ **5.** ¿Cuál de las siguientes opciones es una pregunta sobre ciencias biológicas que puedes hacer acerca de un organismo?
a. ¿Puede volar ese avión de juguete?
b. ¿Cómo se llama tu perro?
c. ¿Estás feliz hoy?
d. ¿Por qué cambian de color las hojas en otoño?

Recorrer el mundo

______ **6.** ¿Qué encontrarás en casi cualquier parte del mundo que visites?
a. desiertos
b. océanos
c. organismos
d. bosques

INVESTIGACIÓN: LA BÚSQUEDA DE RESPUESTAS

______ **7.** Después de hacer una pregunta, ¿cuál es el próximo paso?
- **a.** Dejar de investigar.
- **b.** Llegar a una conclusión.
- **c.** Comenzar otro proyecto.
- **d.** Buscar una respuesta.

Investigación

______ **8.** ¿Cuál es la única información que usan los científicos?
- **a.** información de fuentes confiables
- **b.** información de sus familias
- **c.** información del gobierno
- **d.** información de Internet

Observación

Escribe en el espacio en blanco la letra del término que corresponde a cada descripción.

______ **9.** buscar la información en fuentes impresas y electrónicas

______ **10.** hacer una actividad diseñada para responder preguntas

______ **11.** mirar algo cuidadosamente

a. recopilación de datos
b. observación
c. experimentación

POR QUÉ HACER PREGUNTAS

Combatir las enfermedades

Completa las siguientes oraciones con los términos de la lista.

contaminación	ambiente
alimento	enfermedades

12. Los biólogos aprenden sobre ______________________ como el SIDA para encontrar una cura.

13. Algunos biólogos estudian formas de producir suficiente ______________________ para todas las personas.

14. Los científicos hallan soluciones a problemas como la extinción de la flora y la fauna a través del estudio de la/del ______________________.

15. Uno de los problemas ambientales que puede dañar la salud de los organismos vivos es el/la ______________________.

Nombre ______________________ Clase ______________ Fecha ____________

Hoja de destrezas

Lectura dirigida A

Sección: Métodos científicos

¿QUÉ SON LOS MÉTODOS CIENTÍFICOS?

Completa las siguientes oraciones con los términos de la lista.

hacer preguntas　　　　los métodos científicos

1. ______________________ son una serie de pasos que los científicos siguen para resolver problemas.

2. Uno de los pasos de los métodos científicos es ______________________.

HACER UNA PREGUNTA

Escribe la letra de la respuesta correcta en el espacio en blanco.

______ **3.** ¿Qué ocurre normalmente cuando observas algo difícil de explicar?
a. Haces preguntas.
b. Realizas experimentos.
c. Te olvidas.
d. No haces nada.

HACER OBSERVACIONES

Completa las siguientes oraciones con los términos de la lista.

contando　　　　precisas　　　　medidas

4. Los estudiantes realizaron observaciones ______________________ el número de ranas con deformidades y el número de ranas normales.

5. Los estudiantes fotografiaron a las ranas, les tomaron ______________________ y escribieron descripciones detalladas de cada una.

6. Las observaciones sólo son útiles si son ______________________.

Tipos de observaciones

Escribe la letra de la respuesta correcta en el espacio en blanco.

______ **7.** ¿Cómo se llama la información que obtienes por medio de los sentidos?
a. investigación
b. observación
c. experimentación
d. pregunta

_____ **8.** ¿Cuál de las siguientes es una herramienta que usan los científicos para hacer observaciones?
a. martillo
b. calculadora
c. microscopio
d. cuchara

FORMULAR UNA HIPÓTESIS

_____ **9.** ¿Cómo se llama a una explicación o respuesta posible a una pregunta?
a. experimento
b. hipótesis
c. observación
d. medida

_____ **10.** ¿Qué es cierto sobre una buena hipótesis?
a. Es un experimento.
b. Es fácil de recordar.
c. Siempre es verdadera.
d. Puede ser comprobada.

_____ **11.** ¿En qué debería basarse una hipótesis?
a. en la observación
b. en las herramientas
c. en una explicación
d. en un enunciado

Predicciones

_____ **12.** ¿Cómo se llama a un enunciado que expresa causa y efecto y que puede usarse para comprobar una hipótesis?
a. experimento
b. observación
c. predicción
d. medida

_____ **13.** ¿Cómo se expresan generalmente las predicciones?
a. en forma de pregunta
b. en un formato de "Si..., entonces..."
c. en forma de código
d. en forma de hipótesis

COMPROBAR LA HIPÓTESIS

Completa las siguientes oraciones con los términos de la lista.

experimento controlado variable factor

14. Cualquier aspecto de un experimento que puede influir sobre el resultado se considera un/una ______________________.

15. Un experimento que prueba sólo un factor a la vez es un/una

______________________.

16. El único factor que difiere entre los grupos de un experimento es el/la

______________________.

Diseñar un experimento

Escribe la letra de la respuesta correcta en el espacio en blanco.

______ **17.** ¿Qué factores debes considerar cuando diseñas un experimento?
a. todos los factores
b. la temperatura
c. muchas variables
d. la luz

______ **18.** ¿Qué clase de pautas deben seguir los científicos cuando diseñan un experimento?
a. artísticas
b. éticas
c. históricas
d. controladas

Recolectar datos

______ **19.** ¿Por qué los científicos tratan de realizar experimentos con muchos individuos?
a. para estar más seguros de los datos que reúnen
b. para obtener una buena hipótesis
c. para tener muchas variables
d. para lograr un gran experimento

______ **20.** ¿De qué manera pueden los científicos apoyar sus conclusiones?
a. deteniendo las investigaciones
b. contándole a su familia
c. repitiendo los experimentos
d. haciendo preguntas

ANALIZAR LOS RESULTADOS

______ **21.** ¿Qué hacen los científicos antes de analizar los resultados de un experimento?
a. Ordenan los datos.
b. Comienzan un nuevo experimento.
c. Sacan una conclusión.
d. Escriben un informe sobre sus resultados.

SACAR CONCLUSIONES

______ **22.** ¿Qué deciden los científicos cuando sacan conclusiones?
a. si deben organizar los datos en una gráfica
b. cuál de los factores es la variable
c. si los resultados apoyan la hipótesis
d. cuál debería ser el grupo de control

______ **23.** ¿Qué debe hacer un científico cuando comprueba que una hipótesis es incorrecta?
a. reordenar los datos
b. buscar otra explicación
c. decirles a las personas que es correcta
d. retirarse de la actividad científica

¿Es la respuesta?

______ **24.** ¿Qué es cierto sobre el descubrimiento de una respuesta a una pregunta?
a. Puede dar comienzo a otra investigación.
b. No pueden plantearse más preguntas.
c. La pregunta no fue buena.
d. El experimento se hizo mal.

COMUNICAR LOS RESULTADOS

______ **25.** ¿Por qué los científicos comparten sus resultados?
a. para que otros científicos puedan ganar dinero con esos resultados
b. para que otros científicos puedan repetir los experimentos
c. para practicar la redacción
d. para ocultar sus errores

Nombre ______________________ Clase ______________ Fecha ____________

Hoja de destrezas

Lectura dirigida A

Sección: Herramientas y medición

Escribe la letra de la respuesta correcta en el espacio en blanco.

______ **1.** ¿Qué usan los biólogos para hacer observaciones y manejar la información?
- **a.** ideas
- **b.** herramientas
- **c.** hipótesis
- **d.** conclusiones

LA TECNOLOGÍA EN LA CIENCIA

______ **2.** ¿Cuál de las siguientes opciones significa "la aplicación de la ciencia con fines prácticos"?
- **a.** los métodos científicos
- **b.** la resolución de problemas
- **c.** la tecnología
- **d.** las mediciones

Calculadoras y computadoras

Completa las siguientes oraciones con los términos de la lista.

computadoras cálculos ecuaciones

3. Los científicos pueden usar calculadoras y computadoras para realizar ______________________ rápidas/os y precisas/os de los datos.

4. Algunas calculadoras y computadoras pueden programarse para resolver ______________________.

5. Los científicos usan las/los ______________________ para compartir datos e ideas y para publicar los informes sobre sus investigaciones.

Herramientas para observar

Escribe en el espacio en blanco la letra del término que corresponde a cada descripción.

______ **6.** Los electrones rebotan contra la superficie de una muestra y producen una imagen tridimensional (3-D).

______ **7.** Sirve para realizar observaciones a distancia.

______ **8.** Los electrones pasan a través de una muestra y producen una imagen plana.

______ **9.** Usa lentes para aumentar la imagen de los objetos pequeños y así poder verlos fácilmente.

a. binoculares
b. microscopio electrónico de barrido
c. microscopio óptico compuesto
d. microscopio electrónico de transmisión

MEDICIÓN

El Sistema Internacional de Unidades

Escribe la letra de la respuesta correcta en el espacio en blanco.

______ **10.** ¿Qué destreza es importante en el campo de las ciencias?
a. la capacidad de medir con precisión
b. el conocimiento de la astronomía
c. conocer la longitud de un pie
d. la capacidad de adivinar tamaños

______ **11.** ¿Cuál es la ventaja del SI?
a. Se basa en los granos de trigo.
b. Ayuda a los científicos a compartir la información.
c. Se basa en la astronomía.
d. Funciona la mayoría de las veces.

______ **12.** ¿Por qué es fácil usar el SI?
a. La mayoría de las unidades del SI se basan en el número 10.
b. La mayoría de las unidades del SI son pulgadas, pies y cuartos de galón.
c. La mayoría de las unidades del SI son muy grandes.
d. Hay una gran cantidad de unidades del SI.

Longitud

______ **13.** ¿Qué unidad se usa para expresar la longitud?
a. gramos (g)
b. mililitros (mL)
c. milímetros (mm)
d. centímetros cúbicos (cm^3)

Área

______ **14.** ¿Cuál es la medida de la superficie de un objeto?
a. el área
b. la longitud
c. los micrómetros
d. el volumen

______ **15.** ¿Cómo se expresa el área?
a. en metros y centímetros
b. en volúmenes
c. en litros
d. en unidades cuadradas

Volumen

______ **16.** ¿Qué término expresa el tamaño de un objeto en el espacio tridimensional?
a. la longitud
b. el área
c. el volumen
d. la masa

______ **17.** ¿Cuál de las siguientes unidades NO se usa para medir el volumen?
a. el micrómetro cuadrado
b. el centímetro cúbico
c. el mililitro
d. el litro

______ **18.** ¿Qué herramienta se usa para medir el volumen de los líquidos?
a. una vara métrica
b. una balanza
c. un microscopio
d. una probeta

______ **19.** ¿Cómo calculas el volumen de un objeto con forma de caja?
a. Multiplicas la longitud del objeto por su ancho.
b. Multiplicas la longitud del objeto por su ancho y luego por su altura.
c. Divides la longitud del objeto por su ancho.
d. Sumas el ancho, la longitud y la altura del objeto.

Masa y peso

______ **20.** ¿Qué término significa "la cantidad de materia que hay en un objeto"?
a. la longitud
b. el área
c. el volumen
d. la masa

______ **21.** ¿Cuál de las siguientes afirmaciones NO es verdadera acerca de la masa de un objeto?

a. La masa cambia según el lugar en donde se encuentra.
b. La masa es la misma en cualquier lugar del universo.
c. La masa se puede medir con una balanza.
d. La masa se puede expresar en gramos.

______ **22.** ¿Qué es el peso?

a. una medida de la superficie de un área
b. una medida de la cantidad de materia
c. una medida de la fuerza de gravedad
d. una medida del volumen

Temperatura

Completa las siguientes oraciones con los términos de la lista.

energía | grado Kelvin | temperatura

23. La medida de cuán caliente o frío está algo se llama ______________________.

24. La temperatura en realidad es una indicación de la cantidad de

______________________ que hay dentro de la materia.

25. Los científicos usan los grados Celsius para expresar la temperatura, aunque el/la

______________________ es la unidad oficial del SI para la temperatura.

Nombre ______________________ Clase ______________ Fecha ____________

Hoja de destrezas

Lectura dirigida A

Sección: Conocimiento y modelos científicos

TIPOS DE MODELOS CIENTÍFICOS

Escribe la letra de la respuesta correcta en el espacio en blanco.

______ **1.** ¿Qué es la representación de un objeto o de un sistema?
a. un modelo
b. una predicción
c. una observación
d. una limitación

______ **2.** ¿Qué problema tienen los modelos?
a. Son pequeños.
b. No son reales.
c. Están en las computadoras.
d. Pueden ser físicos.

______ **3.** ¿Cuál de las siguientes opciones NO es un tipo de modelo científico?
a. un modelo de moda
b. un modelo conceptual
c. un modelo matemático
d. un modelo físico

Modelos físicos

______ **4.** ¿Qué es un modelo físico?
a. una ecuación
b. una comparación
c. un cohete de juguete
d. un hueso humano

Modelos matemáticos

______ **5.** ¿Qué tipo de modelo se compone de números y de ecuaciones?
a. un modelo matemático
b. un método científico
c. un modelo físico
d. un modelo conceptual

______ **6.** ¿Cuál de los siguientes es un ejemplo de un modelo matemático?
a. un esqueleto de plástico
b. el modelo de un avión
c. una gráfica de expectativa de vida
d. un dibujo de una célula humana

______ **7.** ¿Qué afirmación NO es verdadera sobre las computadoras?
a. Son útiles para crear modelos matemáticos.
b. Siempre crean modelos correctos.
c. Pueden controlar muchas variables.
d. Cometen menos errores que un ser humano.

Modelos conceptuales

______ **8.** ¿Qué tipo de modelo científico es un diagrama que representa el funcionamiento de un objeto?
a. un modelo matemático
b. un modelo físico
c. un modelo simple
d. un modelo conceptual

______ **9.** ¿Qué puede mostrar un modelo conceptual?
a. el aspecto de un dinosaurio
b. la ubicación de una ciudad
c. cómo influyen las partes de un sistema entre sí
d. cuánto tiempo viven las personas

USAR LA ESCALA EN LOS MODELOS

Completa las siguientes oraciones con los términos de la lista.

proporciones escala

10. La relación entre la medida de un modelo y la medida real de un objeto se llama ______________________.

11. Los modelos a escala, los mapas y los diagramas tienen ______________________ que se corresponden con las de los objetos reales.

LAS VENTAJAS DE LOS MODELOS

Escribe la letra de la respuesta correcta en el espacio en blanco.

______ **12.** ¿Para qué NO se usan los modelos?
a. para leer diagramas y mapas
b. para representar animales que ya no existen
c. para representar máquinas muy complicadas
d. para representar cosas que son muy grandes o muy pequeñas

______ **13.** ¿Qué puede ser un tipo de hipótesis?
a. una pregunta
b. un modelo
c. una limitación
d. una observación

AMPLIAR EL CONOCIMIENTO CIENTÍFICO

______ **14.** ¿Qué ocurre con el conocimiento científico cuando los científicos hallan nuevas respuestas?
- **a.** Cambia y disminuye.
- **b.** Crece y cambia.
- **c.** Desaparece.
- **d.** Ya no se respeta.

Teorías científicas

Escribe en el espacio en blanco la letra del término que corresponde a cada descripción.

______ **15.** un resumen de muchos resultados experimentales que rara vez cambia

______ **16.** una explicación que unifica muchos sucesos y observaciones relacionados

a. teoría
b. ley

Combinar ideas científicas

Escribe la letra de la respuesta correcta en el espacio en blanco.

______ **17.** ¿Qué tipo de leyes funcionan dentro de tus células?
- **a.** las leyes simples
- **b.** las leyes de medición
- **c.** las leyes civiles
- **d.** las leyes de la química

______ **18.** ¿Por qué hay pocas leyes dentro de las ciencias biológicas?
- **a.** porque hay muchas teorías
- **b.** porque los organismos vivos son simples
- **c.** porque los organismos vivos son complejos
- **d.** porque no hay investigaciones

Cambio científico

______ **19.** ¿Qué mostraron los modelos generados por computadora del cuello del *Apatosaurio?*
- **a.** que las ideas científicas pueden cambiar
- **b.** que las ideas antiguas son las mejores
- **c.** que las ideas científicas nunca cambian
- **d.** que los modelos no son útiles

Evaluar las ideas científicas

______ **20.** ¿Qué clase de teorías acepta la mayoría de los científicos?
- **a.** las que les dan dinero
- **b.** las que apoya el gobierno
- **c.** las que les gustan a sus familias
- **d.** las que cuentan con el apoyo de la mayoría de las pruebas

Nombre ______________________ Clase ______________ Fecha ____________

Hoja de destrezas

Lectura dirigida A

Sección: La seguridad en las ciencias

LA IMPORTANCIA DE LAS REGLAS DE SEGURIDAD

Escribe la letra de la respuesta correcta en el espacio en blanco.

______ **1.** ¿Cómo se llama la condición de evitar los daños y el peligro?
- **a.** experimento
- **b.** ciencia
- **c.** accidente
- **d.** seguridad

______ **2.** ¿Cuál es la medida de seguridad más importante en ciencias?
- **a.** Seguir las instrucciones de tu maestro.
- **b.** Ponerse un delantal.
- **c.** No hacer experimentos.
- **d.** No hacer preguntas.

Evitar accidentes

______ **3.** ¿Por qué debes obedecer las reglas de seguridad?
- **a.** para complacer a tu maestro
- **b.** para prevenir accidentes
- **c.** para aprender más sobre ciencias
- **d.** para divertirte más

Evitar lesiones

______ **4.** ¿Cómo pueden ayudarte las medidas de seguridad a evitar o reducir el riesgo de lesiones?
- **a.** previniendo todos los accidentes
- **b.** protegiéndote cuando ocurren los accidentes
- **c.** protegiendo el equipo del laboratorio contra todo daño
- **d.** previniendo sólo los peores accidentes

ELEMENTOS DE SEGURIDAD

______ **5.** ¿Qué indican los símbolos de seguridad?
- **a.** cómo hacer amigos
- **b.** experimentos nuevos
- **c.** posibles peligros
- **d.** nuevas formas de aprender

Símbolos de seguridad

_______ **6.** ¿Cuál de las siguientes opciones forma parte de tu diagrama de símbolos de seguridad?
a. seguridad con los juguetes, seguridad deportiva
b. seguridad eléctrica, seguridad química
c. seguridad con el agua, seguridad durante los paseos en barco
d. seguridad en el automóvil, seguridad en el tráfico

_______ **7.** ¿Cuál de las siguientes opciones NO es algo que el símbolo de cuidado de los animales te indica que hagas?
a. Usar animales provistos por tu maestro.
b. Llevar animales salvajes al salón de clases.
c. Lavarte las manos luego de una actividad.
d. Tomar a los animales de la manera indicada por el maestro.

Leer y seguir las instrucciones

_______ **8.** ¿Qué debes hacer antes de cada experimento científico?
a. Encender tu placa calentadora.
b. Leer cuidadosamente todas las instrucciones.
c. Preguntar a un amigo qué hacer.
d. Decirle qué hacer a tus amigos.

_______ **9.** Si no entiendes las instrucciones, ¿qué debes hacer?
a. Hacer otro experimento.
b. Ignorarlas.
c. Pedirle a un amigo que te las explique.
d. Pedirle a tu maestro que te las explique.

¡Ser ordenado es importante!

_______ **10.** ¿Por qué debes ordenar tus materiales durante un experimento?
a. para poder encontrarlos fácilmente
b. para complacer a tu maestro
c. para que tu área de trabajo luzca agradable
d. para que puedas irte temprano a casa

Usar el equipo de seguridad adecuado

_______ **11.** ¿Qué debes hacer si necesitas manipular objetos calientes?
a. Usar un delantal.
b. Pedirle a un amigo que los manipule en tu lugar.
c. Usar guantes resistentes al calor.
d. Dárselos a tu maestro.

Procedimientos de limpieza adecuados

_______ **12.** ¿Qué debes hacer con los frascos abiertos después de una actividad?
a. Dejarlos abiertos.
b. Volver a taparlos.
c. Llevarlos a casa.
d. Lavarlos y secarlos.

Escribe en el espacio en blanco la letra del elemento de seguridad que corresponde a cada descripción.

_______ **13.** quitar tu mochila del área de trabajo

_______ **14.** lavar los objetos de vidrio

_______ **15.** usar gafas y guantes protectores

_______ **16.** saber qué significa el símbolo de la llama

_______ **17.** leer las instrucciones antes de comenzar una actividad

a. reconocer los símbolos de seguridad
b. seguir las instrucciones
c. ser ordenado
d. usar los equipos de seguridad correctos
e. limpiar adecuadamente

PROCEDIMIENTOS ADECUADOS EN CASO DE ACCIDENTE

Escribe en el espacio en blanco la letra del elemento de seguridad que corresponde a cada descripción.

_______ **18.** Ayudar a tu maestro con la limpieza o los primeros auxilios.

_______ **19.** Asegurar el área alrededor del accidente.

_______ **20.** Mantener la calma y evaluar la situación.

_______ **21.** Avisar a tu maestro o pedir ayuda.

a. paso 1
b. paso 2
c. paso 3
d. paso 4

Escribe la letra de la respuesta correcta en el espacio en blanco.

_______ **22.** ¿Qué debes saber acerca del equipo de emergencia en tu salón de clases?
a. quién lo fabricó y cómo se llama
b. cómo se usa y dónde está guardado
c. cuándo se fabricó y cómo usarlo
d. quién lo fabricó y dónde está guardado

PROCEDIMIENTOS ADECUADOS DE PRIMEROS AUXILIOS

______ **23.** ¿Qué son los primeros auxilios?

a. una bebida de frutas saludable
b. comida y agua para gente enferma
c. atención hospitalaria para personas lesionadas
d. atención médica de emergencia provisional para personas lesionadas

______ **24.** ¿Cuál de las siguientes opciones es el tratamiento de primeros auxilios para una pequeña cortada?

a. Mantener el área bajo agua corriente durante 15 minutos.
b. Limpiar, cubrir con gasa y aplicar presión.
c. Enjuagar con un producto para los ojos.
d. No tocar la herida.

______ **25.** ¿Cómo tratarías una quemadura leve por calor?

a. La mantendría bajo agua corriente durante 15 minutos.
b. La enjuagaría con un producto para los ojos.
c. La limpiaría, la cubriría con gasa y aplicaría presión.
d. Le untaría mantequilla.

______ **26.** ¿Qué debe hacer una persona lesionada después de recibir un tratamiento de primeros auxilios?

a. comer algún alimento saludable
b. no hacer nada más
c. enviar un informe a la policía
d. ver un doctor para recibir más tratamiento

Nombre ______________________ Clase ______________ Fecha ____________

Hoja de destrezas

Vocabulario y resumen de la sección A

Preguntas sobre la vida

VOCABULARIO

Define los siguientes términos en tus propias palabras. Usa el espacio en blanco correspondiente.

1. ciencias biológicas

____

____

____

RESUMEN DE LA SECCIÓN

Lee el siguiente resumen de la sección.

- La ciencia es el proceso de recopilar conocimientos acerca del mundo natural. La ciencia consiste, entre otras cosas, en hacer observaciones y preguntas sobre esas observaciones. Las ciencias biológicas consisten en el estudio de los seres vivos.
- Para hallar respuestas a tus preguntas puedes hacer observaciones, realizar experimentos o investigar usando recursos impresos o electrónicos.
- Las ciencias biológicas pueden ayudar a encontrar curas para las enfermedades, investigar fuentes de alimentos, controlar la contaminación y aplicarse para facilitar la supervivencia de los seres vivos.

Nombre ______________________ Clase ______________ Fecha ____________

Hoja de destrezas

Vocabulario y resumen de la sección A

Métodos científicos

VOCABULARIO

Define los siguientes términos en tus propias palabras. Usa el espacio en blanco correspondiente.

1. métodos científicos

____

____

2. hipótesis

____

____

3. experimento controlado

____

____

4. variable

____

____

RESUMEN DE LA SECCIÓN

Lee el siguiente resumen de la sección.

- Los métodos científicos son las formas en las que los científicos siguen ciertos pasos para responder preguntas y resolver problemas.
- Toda la información que reúnes por medio de los sentidos es una observación. Con frecuencia, las observaciones llevan a una pregunta o hipótesis.
- Una hipótesis es una posible explicación o respuesta a una pregunta. Una hipótesis bien formulada puede verificarse con un experimento.
- Un experimento controlado comprueba sólo un factor a la vez y consta de un grupo de control y uno o más grupos experimentales.
- Después de comprobar una hipótesis, los científicos analizan los resultados y sacan conclusiones para saber si los datos apoyan la hipótesis.
- Comunicar los resultados permite que otras personas verifiquen los resultados, amplíen su conocimiento y diseñen nuevos experimentos.

Nombre ______________________________ Clase ________________ Fecha ____________

Hoja de destrezas

Vocabulario y resumen de la sección A

Herramientas y medición

VOCABULARIO

Define los siguientes términos en tus propias palabras. Usa el espacio en blanco correspondiente.

1. tecnología

____

____

2. microscopio óptico compuesto

____

____

3. microscopio electrónico

____

____

4. área

____

____

5. volumen

____

____

6. masa

____

____

7. peso

____

____

8. temperatura

____

____

RESUMEN DE LA SECCIÓN

Lee el siguiente resumen de la sección.

- Los biólogos usan herramientas para recolectar, almacenar, organizar, analizar y comunicar datos.
- Los científicos usan tecnología como, por ejemplo, las calculadoras, las computadoras, los binoculares y los microscopios.
- El Sistema Internacional de Unidades (SI) es un sistema de medición simple y confiable que usan la mayoría de los científicos.
- Las probetas miden el volumen de los líquidos, las reglas miden la longitud, los termómetros miden la temperatura y las balanzas miden la masa.
- Puedes calcular el área y el volumen de sólidos con forma de caja usando medidas tomadas con una regla.

Nombre ______________________ Clase ______________ Fecha ____________

Hoja de destrezas

Vocabulario y resumen de la sección A

Conocimiento y modelos científicos

VOCABULARIO

Define los siguientes términos en tus propias palabras. Usa el espacio en blanco correspondiente.

1. modelo

____

____

____

2. escala

____

____

____

3. teoría

____

____

____

4. ley

____

____

____

RESUMEN DE LA SECCIÓN

Lee el siguiente resumen de la sección.

- Un modelo es una representación de un objeto o sistema. A menudo, los modelos usan cosas conocidas para representar cosas desconocidas. Las tres clases principales de modelos son el físico, el matemático y el conceptual.
- Los modelos, mapas o diagramas a escala se corresponden con las medidas de los objetos que representan.
- El conocimiento científico se construye a medida que los científicos formulan y revisan hipótesis, modelos, teorías y leyes científicos.

Nombre ______________________ Clase ______________ Fecha ____________

Hoja de destrezas

Vocabulario y resumen de la sección A

La seguridad en las ciencias

VOCABULARIO

Define los siguientes términos en tus propias palabras. Usa el espacio en blanco correspondiente.

1. primeros auxilios

____

____

____

RESUMEN DE LA SECCIÓN

Lee el siguiente resumen de la sección.

- Respetar las reglas de seguridad permite prevenir accidentes y reducir las lesiones.
- Los cinco elementos de la seguridad son reconocer los símbolos de seguridad, seguir las instrucciones, ser ordenado, usar los equipos apropiados de seguridad y los procedimientos de limpieza adecuados.
- Los animales que se usan para realizar investigaciones científicas requieren un cuidado especial.
- Si se produce un accidente, evalúa la situación, cierra el área, dile a tu maestro qué ha ocurrido y ayúdalo con la limpieza o los primeros auxilios.
- Los primeros auxilios son la atención médica de emergencia. Algunos procedimientos de primeros auxilios se pueden hacer sin capacitación.

Nombre ______________________ Clase ______________ Fecha ____________

Hoja de destrezas

Lectura dirigida A

Sección: Características de los seres vivos

Escribe la letra de la respuesta correcta en el espacio en blanco.

______ **1.** ¿Cuántas características tienen en común todos los seres vivos?
- **a.** una
- **b.** cinco
- **c.** seis
- **d.** diez

LOS SERES VIVOS TIENEN CÉLULAS

______ **2.** ¿De cuántas células se componen todos los seres vivos?
- **a.** una o más
- **b.** ninguna
- **c.** sólo una
- **d.** sólo cinco

______ **3.** ¿Cuál es la característica que comparten todos los seres vivos?
- **a.** Todos los seres vivos tienen ojos.
- **b.** Todos los seres vivos tienen células.
- **c.** Todos los seres vivos tienen cabello.
- **d.** Todos los seres vivos tienen piel.

______ **4.** ¿Cómo se llama la unidad funcional y estructural de vida más pequeña?
- **a.** membrana celular
- **b.** bacteria
- **c.** célula
- **d.** organismo

______ **5.** ¿Cuál de las siguientes opciones separa el contenido de una célula de su entorno?
- **a.** la cáscara externa
- **b.** la protección acuosa
- **c.** el caparazón duro
- **d.** la membrana celular

LOS SERES VIVOS PERCIBEN LOS CAMBIOS Y RESPONDEN A ELLOS

______ **6.** ¿Qué capacidad tienen todos los seres vivos?
- **a.** Todos los seres vivos tienen la capacidad de percibir cambios y responder a ellos.
- **b.** Todos los seres vivos tienen sentido del olfato.
- **c.** Todos los seres vivos tienen sentido del gusto.
- **d.** Todos los seres vivos tienen sentido de la vista.

_______ **7.** ¿Cómo se llama un cambio que afecta la actividad de un organismo?
- **a.** célula
- **b.** estímulo
- **c.** protista
- **d.** bacteria

_______ **8.** ¿Cuál de las siguientes opciones NO es un estímulo?
- **a.** los sonidos
- **b.** la luz
- **c.** el hambre
- **d.** las bacterias

Homeostasis

Completa las siguientes oraciones con los términos de la lista.

homeostasis   ambiente   escalofríos

9. La capacidad de mantener un estado interno constante en un ambiente cambiante se llama ______________________.

10. Cuando tienes ______________________, tu cuerpo intenta volver a su temperatura normal.

11. Para controlar la temperatura de su cuerpo, algunos organismos tienen que pasar de un ______________________ a otro.

LOS SERES VIVOS SE REPRODUCEN

Escribe en el espacio en blanco la letra del término que corresponde a cada definición.

_______ **12.** el proceso mediante el cual una pareja de progenitores produce descendientes que comparten caracteres de ambos

_______ **13.** el proceso mediante el cual un solo progenitor produce descendientes idénticos al progenitor

- **a.** reproducción asexual
- **b.** reproducción sexual

LOS SERES VIVOS TIENEN ADN

Completa las siguientes oraciones con los términos de la lista.

herencia   ADN

14. Las células de todos los seres vivos contienen ______________________, o ácido desoxirribonucleico.

15. La transmisión de caracteres, o ______________________, ocurre cuando los progenitores transmiten copias de su ADN a sus descendientes.

LOS SERES VIVOS UTILIZAN ENERGÍA

Escribe la letra de la respuesta correcta en el espacio en blanco.

______ **16.** ¿Cómo llevan a cabo los seres vivos los procesos químicos vitales?
- **a.** mediante los escalofríos
- **b.** reproduciéndose
- **c.** creciendo
- **d.** usando energía

______ **17.** ¿Cómo se llama la suma de todos los procesos químicos que ocurren en un organismo?
- **a.** homeostasis
- **b.** herencia
- **c.** metabolismo
- **d.** estímulo

LOS SERES VIVOS CRECEN Y SE DESARROLLAN

______ **18.** ¿Cuál de las siguientes afirmaciones acerca del crecimiento y el desarrollo NO es verdadera?
- **a.** Todos los seres vivos crecen durante ciertos períodos de su vida.
- **b.** Un organismo pluricelular crece y se divide.
- **c.** Un organismo pluricelular se encoge y se divide.
- **d.** Los seres vivos pueden desarrollarse y cambiar.

Nombre ______________________ Clase ______________ Fecha ____________

Hoja de destrezas

Lectura dirigida A

Sección: Las necesidades de la vida

Escribe la letra de la respuesta correcta en el espacio en blanco.

______ **1.** ¿Cuál de las siguientes opciones NO es una necesidad básica para casi todos los organismos?
a. el aire
b. la electricidad
c. el alimento
d. el agua

AGUA

______ **2.** ¿De qué se compone en su mayor parte el cuerpo humano?
a. de aire
b. de grasa
c. de piel
d. de agua

______ **3.** ¿De aproximadamente cuánta agua están compuestas las células de la mayoría de los seres vivos?
a. 5%
b. 50%
c. 70%
d. 99%

______ **4.** ¿Cuál de las siguientes opciones necesita el metabolismo?
a. agua
b. electricidad
c. monóxido de carbono
d. gravedad

______ **5.** ¿Aproximadamente cuántos días puede sobrevivir una persona sin agua?
a. uno
b. tres
c. siete
d. diez

AIRE

______ **6.** ¿Cuál de las siguientes opciones NO es un gas incluido en la composición del aire?
a. el nitrógeno
b. el dióxido de carbono
c. el queroseno
d. el oxígeno

______ **7.** ¿Qué usa la mayoría de los seres vivos para liberar energía de los alimentos?
- **a.** el monóxido de carbono
- **b.** el oxígeno
- **c.** el helio
- **d.** el dióxido de azufre

______ **8.** ¿Qué necesitan las plantas verdes para liberar energía de los alimentos?
- **a.** dióxido de carbono y helio
- **b.** oxígeno e hidrógeno
- **c.** monóxido de carbono e hidrógeno
- **d.** oxígeno y dióxido de carbono

______ **9.** ¿Cómo se llaman los organismos que pueden vivir sin aire?
- **a.** anaeróbicos
- **b.** asexuales
- **c.** metabólicos
- **d.** aeróbicos

UN LUGAR DONDE VIVIR

______ **10.** ¿Qué necesitan tener todos los seres vivos en el lugar donde viven?
- **a.** agua salada y algas
- **b.** árboles altos y arbustos
- **c.** nitrógeno y monóxido de carbono
- **d.** las cosas que necesitan para sobrevivir

ALIMENTO

______ **11.** ¿Qué usan los seres vivos para reemplazar las células y generar las partes del cuerpo?
- **a.** el hidrógeno de la fotosíntesis
- **b.** los nutrientes de los alimentos
- **c.** el oxígeno de la homeostasis
- **d.** el ADN de las células

Producir el alimento

Completa las siguientes oraciones con los términos de la lista.

consumidores   productores   descomponedores

12. Los organismos que pueden producir sus propios alimentos se llaman

______________________.

13. Los organismos que se alimentan de otros organismos se llaman

______________________.

14. Los organismos que obtienen sus alimentos al descomponer los nutrientes de organismos muertos se llaman ______________________.

UNIR LAS PIEZAS

Completa las siguientes oraciones con los términos de la lista.

moléculas   nutrientes   compuestos

15. Todos los organismos necesitan descomponer los alimentos para utilizar sus

______________________.

16. Las sustancias que se forman cuando se combinan dos o más átomos se llaman

______________________.

17. Las moléculas formadas por diferentes tipos de átomos se llaman

______________________.

PROTEÍNAS

Completa las siguientes oraciones con los términos de la lista.

proteínas   enzimas
aminoácidos   hemoglobina

18. Las moléculas necesarias para reparar estructuras y regular procesos en el cuerpo se llaman ______________________.

19. Los seres vivos descomponen las proteínas de los alimentos para proporcionar

______________________ a sus células.

20. La proteína de los glóbulos rojos que se une al oxígeno se llama

______________________.

21. Las proteínas que aceleran las reacciones químicas de las células se llaman

______________________.

CARBOHIDRATOS

Escribe la letra de la respuesta correcta en el espacio en blanco.

_______ **22.** ¿Cómo se llama la clase de moléculas que incluye los azúcares, los almidones y la fibra?

a. proteínas
b. aminoácidos
c. enzimas
d. carbohidratos

_______ **23.** ¿Cuál de las siguientes opciones proporciona y almacena energía para las células?

a. los carbohidratos
b. los aminoácidos
c. las moléculas de ADN
d. las proteínas

Carbohidratos simples

Completa las siguientes oraciones con los términos de la lista.

carbohidratos simples | glucosa | carbohidratos complejos

24. Una molécula de azúcar o varias moléculas de azúcar unidas forman la/los

_________________________.

25. La fuente más común de energía de las células es/son la/los

_________________________.

26. Los seres vivos almacenan el azúcar de sobra en forma de _________________________, que están compuestos por cientos de moléculas de azúcar.

LÍPIDOS

Escribe la letra de la respuesta correcta en el espacio en blanco.

_______ **27.** ¿Cómo se llama una molécula de grasa que puede almacenar energía?

a. aminoácido
b. proteína
c. lípido
d. carbohidrato

Fosfolípidos

_______ **28.** ¿Cuáles de las siguientes opciones forman la mayor parte de la membrana celular?

a. los carbohidratos
b. los fosfolípidos
c. las enzimas
d. las proteínas

______ **29.** ¿Cuál de las siguientes afirmaciones acerca de la membrana celular es verdadera?
- **a.** La membrana celular no protege a la célula.
- **b.** La membrana celular no ayuda a mantener la homeostasis.
- **c.** El agua no puede atravesar una membrana celular.
- **d.** El agua puede atravesar una membrana celular.

Grasas y aceites

______ **30.** ¿Qué hacen las grasas y los aceites?
- **a.** almacenan energía
- **b.** producen ADN
- **c.** llevan a cabo la fotosíntesis
- **d.** producen proteínas

ATP

______ **31.** ¿Cuál de las siguientes es la principal molécula transportadora de energía de una célula?
- **a.** carbohidrato
- **b.** lípido
- **c.** ATP
- **d.** ácido nucleico

______ **32.** ¿Cuáles de las siguientes moléculas transfieren energía al ATP para suministrar combustible a las células?
- **a.** carbohidratos y lípidos
- **b.** enzimas y aminoácidos
- **c.** aminoácidos y proteínas
- **d.** lípidos y enzimas

ÁCIDOS NUCLEICOS

Escribe en el espacio en blanco la letra del término que corresponde a cada descripción.

______ **33.** las moléculas que contienen la información necesaria para la producción de proteínas

______ **34.** moléculas más pequeñas que componen los ácidos nucleicos

______ **35.** un ejemplo de ácido nucleico

- **a.** nucleótidos
- **b.** ADN
- **c.** ácidos nucleicos

Nombre ______________________ Clase ______________ Fecha __________

Hoja de destrezas

Vocabulario y resumen de la sección A

Características de los seres vivos

VOCABULARIO

Define los siguientes términos en tus propias palabras. Usa el espacio en blanco correspondiente.

1. célula

____

____

2. homeostasis

____

____

3. reproducción sexual

____

____

4. reproducción asexual

____

____

5. metabolismo

____

____

RESUMEN DE LA SECCIÓN

Lee el siguiente resumen de la sección.

- Los organismos se componen de una o más células.
- Los organismos detectan los estímulos y responden a ellos.
- Los organismos se reproducen a través de la reproducción sexual o asexual.
- Los organismos tienen ADN.
- Los organismos utilizan energía para llevar a cabo sus actividades.
- Los organismos crecen y se desarrollan.

Nombre ______________________ Clase ______________ Fecha ____________

Hoja de destrezas

Vocabulario y resumen de la sección A

Las necesidades de la vida

VOCABULARIO

Define los siguientes términos en tus propias palabras. Usa el espacio en blanco correspondiente.

1. productor

2. consumidor

3. descomponedor

4. proteína

5. carbohidrato

6. lípido

7. fosfolípido

8. ATP

Vocabulario y resumen de la sección A *(continuación)*

9. ácido nucleico

____

____

RESUMEN DE LA SECCIÓN

Lee el siguiente resumen de la sección.

- Las células de los seres vivos necesitan agua para funcionar.
- Las células de algunos seres vivos necesitan gases, como el oxígeno, para liberar la energía contenida en sus alimentos.
- Los seres vivos necesitan un lugar donde vivir.
- Las células almacenan energía en forma de carbohidratos, los cuales se componen de azúcares.
- Las proteínas se componen de aminoácidos. Algunas proteínas son enzimas.
- Los lípidos almacenan energía y forman las membranas celulares.
- Las células utilizan moléculas de ATP como combustible para sus actividades.
- Los ácidos nucleicos, como el ADN, están compuestos por nucleótidos.

Nombre ______________________ Clase ______________ Fecha ____________

Hoja de destrezas

Lectura dirigida A

Sección: El espectro electromagnético

Escribe la letra de la respuesta correcta en el espacio en blanco.

_______ **1.** ¿En qué se parecen la luz ultravioleta y la luz visible?
- **a.** Ninguna de las dos formas de luz puede ser vista por las abejas.
- **b.** Ninguna de las dos formas de luz puede ser vista por los seres humanos.
- **c.** Ambas son formas de energía que se desplazan en ondas.
- **d.** Ambas formas de luz pueden ser vistas por los seres humanos.

LA LUZ: UNA ONDA ELECTROMAGNÉTICA

_______ **2.** ¿Cuál es la diferencia entre la luz y otros tipos de ondas?
- **a.** La luz no necesita viajar a través de la materia.
- **b.** La luz no puede viajar a través del vacío.
- **c.** La luz debe viajar a través de la materia.
- **d.** La luz no puede viajar a través de la materia.

_______ **3.** ¿Qué tipo de onda es la luz?
- **a.** una ola de agua
- **b.** una onda eléctrica
- **c.** una onda sonora
- **d.** una onda electromagnética (EM)

_______ **4.** ¿De qué se compone una onda electromagnética?
- **a.** de campos químicos cambiantes
- **b.** de campos eléctricos y magnéticos cambiantes
- **c.** de campos gravitacionales cambiantes
- **d.** de campos de movimiento cambiantes

UN ESPECTRO DE ONDAS

_______ **5.** ¿Cuál de las siguientes opciones NO es un tipo de onda EM?
- **a.** las ondas de radio
- **b.** las ondas infrarrojas
- **c.** las olas de agua
- **d.** los rayos X

_______ **6.** ¿Cómo se llama la gama completa de ondas EM?
- **a.** espectro cósmico
- **b.** espectro electromagnético
- **c.** espectro eléctrico
- **d.** espectro magnético

_______ **7.** ¿Cuál de las siguientes opciones compone sólo una pequeña banda dentro del espectro electromagnético?
a. las ondas de luz visible
b. las ondas sonoras
c. las olas de agua
d. las ondas de luz invisible

Longitud de onda y el espectro EM

_______ **8.** ¿En qué se diferencian las ondas electromagnéticas entre sí?
a. Cada onda EM tiene un sonido diferente.
b. Cada onda EM tiene una longitud de onda diferente.
c. Cada onda EM se compone de materia diferente.
d. Cada onda EM tiene un peso diferente.

_______ **9.** ¿Cómo se llama la distancia entre puntos idénticos de dos ondas?
a. forma de onda
b. rapidez de onda
c. frecuencia
d. longitud de onda

ONDAS INFRARROJAS

_______ **10.** ¿Cuál de las siguientes afirmaciones sobre las ondas infrarrojas NO es verdadera?
a. Las ondas infrarrojas del Sol calientan la Tierra.
b. Sólo el Sol emite ondas infrarrojas.
c. Los objetos calientes emiten más ondas infrarrojas que los objetos fríos.
d. Todas las cosas emiten ondas infrarrojas.

_______ **11.** ¿De qué depende la cantidad de ondas infrarrojas que emite un objeto?
a. de la rapidez y el peso de la onda
b. de la frecuencia y las propiedades de la superficie de la onda
c. del peso y la temperatura del objeto
d. de la temperatura del objeto y de las propiedades de su superficie

LUZ VISIBLE

_______ **12.** ¿Cuál es la gama de longitudes de onda de la luz visible?
a. entre 1 nm y 15 nm
b. entre 400 nm y 700 nm
c. entre 50 nm y 60 nm
d. entre 25 nm y 100 nm

Escribe en el espacio en blanco la letra del término que corresponde a cada descripción.

_______ **13.** gama muy pequeña de longitudes de onda que ven los seres humanos

_______ **14.** proceso por el cual las plantas transforman la energía de la luz visible en energía química

_______ **15.** luz visible de todas las longitudes de onda combinadas

a. fotosíntesis
b. luz blanca
c. luz visible

Los colores de la luz

Escribe la letra de la respuesta correcta en el espacio en blanco.

_______ **16.** ¿Qué significan las letras mayúsculas de la sigla RoN A. VAiV?
- **a.** la última letra de cada color de la luz visible
- **b.** la primera letra de cada color de la luz visible
- **c.** la primera letra de cada tipo de onda EM
- **d.** la primera letra de la palabra "índigo"

Escribe en el espacio en blanco la letra del término que corresponde a cada descripción.

_______ **17.** color de la longitud de onda más larga de la luz visible

_______ **18.** color de la longitud de onda más corta de la luz visible

_______ **19.** la gama de colores de la luz

a. luz violeta
b. espectro visible
c. luz roja

LUZ ULTRAVIOLETA

Escribe la letra de la respuesta correcta en el espacio en blanco.

_______ **20.** ¿Cuál de las siguientes afirmaciones acerca de la luz ultravioleta (UV) es verdadera?
- **a.** La luz UV tiene longitudes de onda más largas que la luz visible.
- **b.** La luz UV tiene longitudes de onda más cortas que la luz visible.
- **c.** Las longitudes de onda de la luz UV varían entre 15 nm y 40 nm.
- **d.** Las longitudes de onda de la luz UV varían entre 1 nm y 20 nm.

Efectos dañinos

_______ **21.** ¿Qué tipo de cáncer provoca el exceso de luz ultravioleta?
- **a.** cáncer de huesos
- **b.** cáncer de pulmón
- **c.** cáncer de piel
- **d.** cáncer de mama

______ **22.** ¿Cómo puedes proteger tu piel del exceso de luz ultravioleta?
a. Usando una camisa de manga corta.
b. Usando una pantalla solar sin factor de protección solar.
c. Usando una pantalla solar con factor de protección solar alto.
d. Usando pantalones cortos.

Efectos útiles

______ **23.** ¿Cuál de las siguientes opciones es un efecto útil de la luz ultravioleta?
a. La luz ultravioleta mata las bacterias de los alimentos.
b. La luz ultravioleta puede dañar tus ojos.
c. La luz ultravioleta atrae bacterias.
d. La luz ultravioleta convierte la energía de la luz en energía química.

______ **24.** ¿Qué producen las células de la piel cuando se exponen a la luz ultravioleta?
a. vitamina D
b. vitamina A
c. vitamina B
d. vitamina C

Nombre ______________________ Clase ____________ Fecha __________

Hoja de destrezas

Lectura dirigida A

Sección: Interacciones de la luz con la materia

REFLEXIÓN

Escribe la letra de la respuesta correcta en el espacio en blanco.

_____ **1.** ¿Qué sucede cuando la luz viaja a través de un material que no cambia?
- **a.** La luz rebota en el material y desaparece.
- **b.** La luz viaja en línea recta.
- **c.** La luz viaja en líneas onduladas.
- **d.** La luz rebota en el material.

_____ **2.** ¿Qué se produce cuando las ondas luminosas rebotan en un objeto?
- **a.** refracción
- **b.** incidencia
- **c.** reflexión
- **d.** difracción

La ley de la reflexión

_____ **3.** ¿Cuáles de los siguientes ángulos son iguales según la ley de la reflexión?
- **a.** el ángulo de electromagnetismo y el ángulo de luz visible
- **b.** el ángulo de incidencia y el ángulo de luz visible
- **c.** el ángulo de reflexión y el ángulo de electromagnetismo
- **d.** el ángulo de incidencia y el ángulo de reflexión

Escribe en el espacio en blanco la letra del término que corresponde a cada descripción.

_____ **4.** línea perpendicular a la superficie de un espejo

_____ **5.** haz de luz reflejado por un espejo

_____ **6.** haz de luz que viaja hacia un espejo

- **a.** haz incidente
- **b.** normal
- **c.** haz reflejado

Escribe en el espacio en blanco la letra del término que corresponde a cada descripción.

_____ **7.** llegada de un haz de luz a una superficie

_____ **8.** ángulo entre el haz incidente y la normal

_____ **9.** ángulo entre el haz reflejado y la normal

- **a.** ángulo de incidencia
- **b.** ángulo de reflexión
- **c.** incidencia

Tipos de reflexión

Escribe la letra de la respuesta correcta en el espacio en blanco.

_______ **10.** ¿Cuál de las siguientes opciones sucede cuando los haces de luz se reflejan en el mismo ángulo?
- **a.** reflexión regular
- **b.** reflexión irregular
- **c.** reflexión difusa
- **d.** reflexión angular

_______ **11.** ¿Cuál de las siguientes opciones sucede cuando los haces de luz se reflejan en muchos ángulos diferentes?
- **a.** reflexión regular
- **b.** reflexión irregular
- **c.** reflexión difusa
- **d.** reflexión angular

¿Fuente de luz o reflexión?

_______ **12.** ¿Por qué puedes ver una fuente de luz en la oscuridad?
- **a.** Porque tus ojos reflejan la luz que emite la fuente de luz.
- **b.** Porque tus ojos detectan la luz que emite la fuente de luz.
- **c.** Porque tus ojos detectan la luz que reflejan los objetos.
- **d.** Porque tus ojos difunden la luz que emite la fuente de luz.

_______ **13.** ¿Cuál de los siguientes términos describe un objeto que emite luz visible?
- **a.** luminoso
- **b.** ominoso
- **c.** iluminado
- **d.** brillante

_______ **14.** ¿Cuál de los siguientes términos describe un objeto visible que refleja la luz?
- **a.** luminoso
- **b.** ominoso
- **c.** iluminado
- **d.** normal

_______ **15.** ¿Por qué puedes ver un objeto que NO es una fuente de luz?
- **a.** Porque tus ojos difunden la luz que refleja el objeto.
- **b.** Porque tus ojos reflejan la luz emitida por la fuente de luz.
- **c.** Porque tus ojos detectan la luz emitida por la fuente de luz.
- **d.** Porque tus ojos detectan la luz que se refleja en el objeto.

ABSORCIÓN Y DISPERSIÓN

Absorción de la luz

_______ **16.** ¿Qué sucede durante el proceso de absorción?
- **a.** La energía luminosa se transfiere a partículas de materia.
- **b.** Las partículas de materia difunden la energía luminosa.
- **c.** Las partículas de materia reflejan la energía luminosa.
- **d.** Las partículas de materia iluminan la energía luminosa.

_______ **17.** ¿Qué sucede con la luz cuando las partículas del aire absorben la energía luminosa?
- **a.** La luz se vuelve brillante.
- **b.** La luz se debilita.
- **c.** La luz se vuelve infrarroja.
- **d.** La luz se vuelve ultravioleta.

Dispersión de la luz

_______ **18.** ¿Qué pasa cuando la luz se dispersa?
- **a.** Se absorbe la luz.
- **b.** Se refleja la luz.
- **c.** La luz se vuelve más brillante.
- **d.** La luz cambia de dirección.

_______ **19.** ¿Cuál de las siguientes opciones hace que el cielo se vea azul?
- **a.** la absorción
- **b.** la reflexión
- **c.** la incidencia
- **d.** la dispersión

LA LUZ Y LA MATERIA

_______ **20.** ¿Cómo se llama el paso de la luz a través de la materia?
- **a.** absorción
- **b.** radiación
- **c.** transmisión
- **d.** reflexión

_______ **21.** ¿Por qué puedes ver los objetos en el exterior a través de los vidrios de la ventana?
- **a.** Porque el vidrio absorbe la luz.
- **b.** Porque la luz se transmite a través del vidrio.
- **c.** Porque la luz se refleja en el vidrio.
- **d.** Porque el vidrio disuelve la luz.

_______ **22.** ¿Por qué puedes ver tu reflejo en una ventana?
- **a.** Porque el vidrio absorbe la luz.
- **b.** Porque el vidrio disuelve la luz.
- **c.** Porque la luz se refleja en el vidrio.
- **d.** Porque la luz se transmite a través del vidrio.

_______ **23.** ¿Por qué está caliente el vidrio de una ventana cuando lo tocas?
- **a.** Porque absorbe parte de la luz.
- **b.** Porque disuelve parte de la luz.
- **c.** Porque aumenta parte de la luz.
- **d.** Porque transfiere parte de la luz.

Tipos de materia

Completa las siguientes oraciones con los términos de la lista.

opaco/a   transparente   translúcido/a

24. La luz visible se transmite fácilmente a través de un objeto

__________________________, como el vidrio y el agua.

25. La materia que transmite y dispersa la luz, como el papel encerado, es

__________________________.

26. La materia que no transmite la luz, como el metal, es

__________________________.

LOS COLORES DE LOS OBJETOS

Escribe la letra de la respuesta correcta en el espacio en blanco.

_______ **27.** ¿Qué determinan las longitudes de onda de la luz que llegan a tus ojos?
- **a.** la textura de un objeto
- **b.** el peso de un objeto
- **c.** el color de un objeto
- **d.** la temperatura de un objeto

Los colores de los objetos opacos

_______ **28.** ¿Qué pasa cuando la luz blanca choca contra un objeto opaco de color?
- **a.** Se absorben y se reflejan los colores de la luz.
- **b.** Se dispersan y se transmiten los colores de la luz.
- **c.** Se absorben y se transmiten los colores de la luz.
- **d.** Se absorben y se dispersan los colores de la luz.

_______ **29.** El color de un objeto opaco está determinado por
a. los colores de la luz que se reflejan.
b. los colores de la luz que se absorben.
c. los colores de la luz que se transmiten.
d. los colores de la luz que se disuelven.

_______ **30.** ¿Cuántos colores de la luz se reflejan en un objeto blanco?
a. ninguno
b. sólo el verde
c. sólo el violeta
d. todos

_______ **31.** ¿Cuántos colores de la luz absorbe un objeto negro?
a. ninguno
b. sólo el rojo
c. sólo el azul
d. todos

Los colores de los objetos transparentes y translúcidos

_______ **32.** ¿Por qué el vidrio común de las ventanas es incoloro en la luz blanca?
a. Porque transmite todos los colores de la luz.
b. Porque convierte todos los colores de la luz.
c. Porque refleja todos los colores de la luz.
d. Porque absorbe todos los colores de la luz.

_______ **33.** ¿Qué ves cuando miras a través de objetos de color transparentes o translúcidos?
a. el color de la luz absorbida por el material
b. el color de la luz disuelta por el material
c. el color de la luz reflejada o transmitida a través del material
d. el color de la luz iluminada a través del material

_______ **34.** ¿Qué pasa con los colores que NO son transmitidos a través de objetos transparentes o translúcidos ni reflejados por ellos?
a. Los colores se absorben.
b. Los colores se disuelven.
c. Los colores se reflejan.
d. Los colores se detectan.

LOS PIGMENTOS Y EL COLOR

_______ **35.** ¿Cómo se llama el material que les da color a todas las sustancias?
a. clorofila
b. pigmento
c. melanina
d. FPS

Sustracción de color

______ **36.** ¿Cuántos colores de la luz absorbe cada pigmento?
a. al menos uno
b. sólo dos
c. sólo tres
d. ninguno

______ **37.** ¿Cuál de las siguientes opciones participa en la mezcla de los pigmentos?
a. la corrección del color
b. la codificación del color
c. la sustracción de color
d. la falta de color

______ **38.** ¿Cuáles de las siguientes opciones son los pigmentos primarios?
a. el amarillo, el azul verdoso y el magenta
b. el blanco y el negro
c. el rojo, el verde y el azul
d. el azul, el amarillo y el rojo

Nombre ______________________ Clase ______________ Fecha ____________

Hoja de destrezas

Lectura dirigida A

Sección: Refracción

LA REFRACCIÓN Y LOS MEDIOS

Escribe la letra de la respuesta correcta en el espacio en blanco.

_______ **1.** ¿Cuándo se refracta una onda de luz?

a. cuando la densidad de un medio no cambia
b. cuando cambia el medio a través del cual se desplaza
c. cuando las ondas transforman la energía de la luz en energía química
d. cuando no cambia el medio a través del cual se desplaza

Completa las siguientes oraciones con los términos de la lista.

refracción medio

2. La sustancia a través de la cual se desplazan las ondas se llama

_________________________.

3. El curvamiento de una onda cuando pasa en ángulo de un medio a otro

se llama _________________________.

Refracción e ilusiones ópticas

Escribe la letra de la respuesta correcta en el espacio en blanco.

_______ **4.** ¿Cómo interpreta tu cerebro la luz que se refleja en un objeto?

a. viaja en líneas rectas
b. viaja en líneas onduladas
c. viaja en líneas con forma de S
d. viaja en líneas curvas

_______ **5.** ¿Cuál de las siguientes opciones puede crear ilusiones ópticas?

a. la transmisión
b. la reflexión
c. la refracción
d. la absorción

Refracción y separación de colores

_______ **6.** ¿De qué se compone la luz blanca?

a. de todas las longitudes de onda de la luz ultravioleta
b. de dos longitudes de onda de la luz ultravioleta
c. de dos longitudes de onda de la luz visible
d. de todas las longitudes de onda de la luz visible

_______ **7.** ¿Durante cuál de los siguientes procesos se separa en diferentes colores la luz blanca?
a. absorción
b. refracción
c. dispersión
d. transmisión

_______ **8.** ¿Cuál de los siguientes procesos describe cómo se forman los arco iris?
a. separación de colores por refracción
b. separación de colores por absorción
c. adición de colores por refracción
d. sustracción de colores por transmisión

LAS LENTES Y LA REFRACCIÓN DE LA LUZ

_______ **9.** ¿Qué tienen en común las cámaras de fotos, los telescopios y el ojo humano?
a. Todos usan luz ultravioleta para formar imágenes.
b. Todos usan lentes para formar imágenes.
c. Todos usan ondas infrarrojas para formar imágenes.
d. Todos usan luz reflejada para formar imágenes.

Escribe en el espacio en blanco la letra del término que corresponde a cada descripción.

_______ **10.** objeto transparente que forma una imagen al refractar la luz

_______ **11.** punto en el que los haces de luz se cruzan después de pasar a través de una lente

_______ **12.** distancia entre la lente y el punto focal

a. punto focal
b. lente
c. longitud focal

Lentes convexas

Escribe la letra de la respuesta correcta en el espacio en blanco.

_______ **13.** ¿Cuál de las siguientes afirmaciones acerca de las imágenes de una lente convexa NO es verdadera?
a. Una imagen real es más pequeña que el objeto.
b. Una imagen virtual es más pequeña que el objeto.
c. Una imagen real es más grande que el objeto.
d. Una imagen virtual no se puede proyectar sobre una pantalla.

_______ **14.** ¿Qué tienen en común una lupa y el ojo humano?
a. Ambos son lentes cóncavas.
b. Ambos son lentes convexas.
c. Ninguno de los dos contiene lentes.
d. Ninguno de los dos puede refractar la luz.

Escribe en el espacio en blanco la letra del término que corresponde a cada descripción.

_______ **15.** es más gruesa en la parte media que en los bordes

_______ **16.** se forma cuando un objeto está a menos de 1 longitud focal de una lente convexa

_______ **17.** se forma cuando un objeto está a más de 2 puntos focales de una lente convexa

a. lente convexa
b. imagen virtual
c. imagen real

Los ojos de los animales

Escribe la letra de la respuesta correcta en el espacio en blanco.

_______ **18.** ¿Cuál de los siguientes animales tiene ojos compuestos?
a. el caballo
b. el perro
c. el gato
d. la libélula

Lentes cóncavas

_______ **19.** ¿Cómo se puede describir una lente cóncava?
a. Es más delgada en la parte media que en los bordes.
b. Es más gruesa en la parte media que en los bordes.
c. Es siempre más pequeña que una lente convexa.
d. Es siempre más grande que una lente convexa.

_______ **20.** ¿Qué pasa cuando los rayos de luz pasan a través de una lente cóncava?
a. Los rayos de luz se transmiten.
b. Los rayos de luz se absorben.
c. Los rayos de luz se curvan unos hacia otros.
d. Los rayos de luz se curvan alejándose unos de otros.

_______ **21.** ¿Cuáles de las siguientes imágenes forman las lentes cóncavas?
a. imágenes convexas
b. imágenes reales y virtuales
c. sólo imágenes virtuales
d. sólo imágenes reales

INSTRUMENTOS ÓPTICOS Y REFRACCIÓN

Cámaras de fotos

Completa las siguientes oraciones con los términos de la lista.

apertura	obturador
lente	película

22. Cuanto más tiempo está abierto/a el/la ______________________, más luz entra en la cámara.

23. Una cámara tiene un/una ______________________ convexo/a que enfoca la luz en la película.

24. Una cámara almacena una imagen en un/una ______________________.

25. La apertura que permite que la luz entre en la cámara se llama

______________________.

Telescopios

Completa las siguientes oraciones con los términos de la lista.

lente objetivo	telescopio refractante	microscopio óptico
lente ocular	lentes convexas	

26. La herramienta que se usa para ver imágenes de objetos grandes y lejanos se llama

______________________.

27. Un/Una ______________________ forma una imagen real.

28. Un/Una ______________________ aumenta una imagen real.

29. La herramienta que se usa para ver imágenes de objetos diminutos y cercanos se llama ______________________.

30. Los microscopios ópticos y los telescopios refractantes tienen dos ______________.

Nombre ______________________ Clase ______________ Fecha ____________

Hoja de destrezas

Vocabulario y resumen de la sección A

El espectro electromagnético

VOCABULARIO

Define los siguientes términos en tus propias palabras. Usa el espacio en blanco correspondiente.

1. onda electromagnética

____

____

____

2. espectro electromagnético

____

____

____

RESUMEN DE LA SECCIÓN

Lee el siguiente resumen de la sección.

- La luz es una onda electromagnética (onda EM). Una onda EM puede viajar a través de la materia o el espacio.
- La gama completa de ondas EM se llama *espectro electromagnético.*
- Las ondas infrarrojas del Sol calientan la Tierra y todo lo que hay en ella.
- La luz visible es la pequeña gama de las longitudes de onda del espectro electromagnético que pueden ver los seres humanos.
- Los seres humanos ven las distintas longitudes de onda de la luz visible en forma de diferentes colores.
- La luz ultravioleta es a la vez dañina y útil para los seres vivos.

Nombre ______________________ Clase ______________ Fecha ____________

Hoja de destrezas

Vocabulario y resumen de la sección A

Interacciones de la luz con la materia

VOCABULARIO

Define los siguientes términos en tus propias palabras. Usa el espacio en blanco correspondiente.

1. reflexión

____

____

2. absorción

____

____

3. dispersión

____

____

4. transmisión

____

____

RESUMEN DE LA SECCIÓN

Lee el siguiente resumen de la sección.

- La luz viaja en línea recta si el material que atraviesa no cambia.
- La ley de la reflexión establece que el ángulo de incidencia es igual al ángulo de reflexión.
- Las cosas luminosas se ven porque emiten luz. Las cosas que están iluminadas se ven porque la luz se refleja en ellas.
- La absorción es la transferencia de energía luminosa a las partículas de materia. La dispersión es una interacción de la luz con la materia que hace que la luz cambie de dirección.
- La materia puede reflejar, transmitir y absorber la luz.
- Los colores de los objetos opacos dependen de los colores de la luz que reflejan.
- Los colores de los objetos translúcidos y transparentes dependen de los colores de la luz que transmiten y reflejan.
- Los pigmentos les dan color a los objetos. Los pigmentos primarios son el magenta, el azul verdoso y el amarillo.

Nombre ______________________ Clase ______________ Fecha ____________

Hoja de destrezas

Vocabulario y resumen de la sección A

Refracción

VOCABULARIO

Define los siguientes términos en tus propias palabras. Usa el espacio en blanco correspondiente.

1. refracción

____

____

2. lente

____

____

3. lente convexa

____

____

4. lente cóncava

____

____

RESUMEN DE LA SECCIÓN

Lee el siguiente resumen de la sección.

- La luz viaja en línea recta si el medio a través del que viaja no cambia.
- La refracción es el curvamiento de una onda como la onda luminosa, cuando pasa en ángulo de un medio a otro.
- La refracción de la luz crea ilusiones ópticas y divide la luz blanca en colores separados.
- Las lentes forman imágenes al refractar la luz.
- Las lentes convexas producen tanto imágenes reales como imágenes virtuales.
- Una lupa y el cristalino del ojo humano son lentes convexas.
- Las lentes cóncavas producen sólo imágenes virtuales.
- Las cámaras de fotos, los telescopios y los microscopios son instrumentos ópticos que usan lentes para formar imágenes.

Nombre ______________________ Clase______________ Fecha__________

Hoja de destrezas

Lectura dirigida A

Sección: Características de las células

Escribe la letra de la respuesta correcta en el espacio en blanco.

_______ **1.** ¿Cuál es la unidad funcional y estructural más pequeña de los seres vivos?
- **a.** el órgano
- **b.** la célula
- **c.** el tejido
- **d.** el átomo

LAS CÉLULAS Y LA TEORÍA CELULAR

_______ **2.** ¿Qué construyó Robert Hooke para poder observar objetos diminutos?
- **a.** un microscopio
- **b.** un telescopio
- **c.** un espectroscopio
- **d.** una cámara

_______ **3.** ¿Cómo llamó Hooke a las cajitas que forman la corteza de los alcornoques?
- **a.** cajones
- **b.** cajas
- **c.** células
- **d.** átomos

_______ **4.** ¿Por qué Hooke no pensó que los animales estaban formados por células?
- **a.** Porque no podía ver las células animales.
- **b.** Porque los animales no tienen células.
- **c.** Porque las células animales tienen pared celular.
- **d.** Porque las células animales son demasiado secas.

El descubrimiento de las células en otros organismos

_______ **5.** ¿Dónde descubrió Leeuwenhoek los organismos a los que denominó *animálculos?*
- **a.** en la sangre de los animales
- **b.** en la masa del pan
- **c.** en las células
- **d.** en el verdín de una laguna

_______ **6.** ¿Cómo se llaman los organismos unicelulares que viven en el agua de las lagunas?
- **a.** sangre
- **b.** proteínas
- **c.** protistas
- **d.** levadura

La teoría celular

_______ **7.** ¿Qué teoría establece que los seres vivos están formados por células?
a. la teoría orgánica
b. la teoría de los tejidos
c. la teoría estructural
d. la teoría celular

_______ **8.** Según la teoría celular, ¿cuál es la unidad fundamental de todos los seres vivos?
a. el órgano
b. el tejido
c. la sangre
d. la célula

_______ **9.** Según la teoría celular, ¿de dónde provienen todas las células?
a. del agua
b. del aire
c. de las células
d. del alimento

EL TAMAÑO DE LAS CÉLULAS

Algunas células grandes

_______ **10.** ¿Qué célula es suficientemente grande para verse sin un microscopio?
a. la yema de un huevo de gallina
b. una célula de la corteza de los alcornoques
c. un glóbulo rojo
d. una célula bacteriana

Muchas células pequeñas

_______ **11.** ¿Qué limita el tamaño de una célula?
a. la relación superficie/volumen
b. el tamaño del núcleo
c. la cantidad de fluido en la célula
d. la dureza de la pared celular

_______ **12.** ¿Qué usan las células para tomar alimentos y eliminar agua?
a. su superficie externa
b. su superficie interna
c. su núcleo
d. su yema

______ **13.** ¿Cómo se calcula la relación superficie/volumen de una célula?

a. superficie × volumen

b. superficie − volumen

c. $\frac{\text{volumen}}{\text{superficie}}$

d. $\frac{\text{superficie}}{\text{volumen}}$

PARTES DE UNA CÉLULA

Completa las siguientes oraciones con los términos de la lista.

núcleo	organelos	citoplasma
membrana celular	ADN	

14. La capa protectora que separa el interior de la célula de su entorno es el/la

______________________.

15. El fluido interior de las células se llama ______________________.

16. Las estructuras que llevan a cabo funciones específicas en las células se llaman

______________________.

17. Todas las células contienen ______________________ en algún momento de su vida.

18. Las células vegetales y animales almacenan ADN en un organelo llamado

______________________.

DOS TIPOS DE CÉLULAS

Completa las siguientes oraciones con los términos de la lista.

eucarióticas	procarióticas

19. Las células que tienen núcleo se llaman ______________________.

20. Las células sin núcleo se llaman ______________________.

Procariotes

Escribe la letra de la respuesta correcta en el espacio en blanco.

______ **21.** ¿Cómo se llaman los organismos unicelulares que no tienen núcleo?

a. procariotes

b. ribosomas

c. eucariotes

d. protistas

Lectura dirigida A *(continuación)*

_______ **22.** ¿Qué tipo de molécula es el ADN de un procariote?
a. larga y circular
b. corta y recta
c. larga y en espiral
d. corta y parecida a una caja

_______ **23.** ¿Cómo se llaman los organelos pequeños y redondos formados principalmente por proteínas?
a. membranas celulares
b. ribosomas
c. paredes celulares
d. núcleos

_______ **24.** ¿Qué tipo de células tienen paredes celulares sólidas similares a una red?
a. las procarióticas
b. las eucarióticas
c. las arcaicas
d. las amebas

Eucariotes

_______ **25.** ¿Qué seres vivos tienen células con un núcleo cubierto por una membrana?
a. los procariotes
b. los ribosomas
c. los eucariotes
d. las bacterias

Nombre ______________________ Clase ______________ Fecha ____________

Hoja de destrezas

Lectura dirigida A

Sección: Células eucarióticas

PARED CELULAR

Escribe la letra de la respuesta correcta en el espacio en blanco.

_______ **1.** ¿De qué está hecha la parede celular de las plantas y las algas?
a. de citoesqueleto
b. de celulosa
c. de citoplasma
d. de celuloide

_______ **2.** ¿Qué estructura tienen las células vegetales pero no las células animales?
a. pared celular
b. núcleo
c. ribosoma
d. organelo

MEMBRANA CELULAR

_______ **3.** ¿Qué separa el interior de una célula de su entorno?
a. los ribosomas celulares
b. los organelos celulares
c. la membrana celular
d. la pared celular

_______ **4.** ¿Cuántas capas de fosfolípidos tiene la membrana celular?
a. una
b. dos
c. tres
d. cuatro

_______ **5.** ¿Cómo atraviesan los nutrientes y desechos la membrana celular?
a. a través de los conductos de carbohidratos
b. a través de los conductos de celulosa
c. a través de los conductos de carbono
d. a través de los conductos de proteínas

CITOESQUELETO

_______ **6.** ¿Cómo se llama la red de proteínas que se encuentra en el citoplasma de algunas células?
a. citoesqueleto
b. exoesqueleto
c. pared celular
d. membrana celular

_______ **7.** ¿Qué define la forma de las células animales?
a. la pared celular
b. la membrana celular
c. el exoesqueleto
d. el citoesqueleto

NÚCLEO

_______ **8.** ¿Qué contiene el núcleo de una célula eucariótica?
a. ADN
b. proteínas
c. celulosa
d. citoesqueleto

_______ **9.** ¿Qué controla las reacciones químicas en una célula?
a. las proteínas
b. el citoplasma
c. los fosfolípidos
d. la membrana celular

_______ **10.** ¿En qué lugar del núcleo comienza una célula a producir sus ribosomas?
a. en la membrana
b. en los poros
c. en el citoesqueleto
d. en el nucleolo

RIBOSOMAS

_______ **11.** ¿Qué organelos celulares producen proteínas?
a. el núcleo
b. la membrana celular
c. el nucleolo
d. los ribosomas

_______ **12.** ¿Qué usan los ribosomas para producir proteínas?
a. aminoácidos
b. energía nuclear
c. cloroplastos
d. la membrana celular

_______ **13.** ¿Qué tipos de células tienen ribosomas?
a. sólo los glóbulos sanguíneos
b. sólo las células vegetales
c. sólo las células animales
d. todas las células

RETÍCULO ENDOPLÁSMICO

______ **14.** ¿Cómo se llama el sistema de membranas plegadas en el citoplasma donde se producen las proteínas?
a. citoesqueleto
b. retículo endoplásmico
c. aminoácidos
d. cloroplastos

______ **15.** ¿Qué tipo de retículo endoplásmico (RE) está cubierto por ribosomas?
a. el RE rugoso
b. el RE liso
c. el RE en espiral
d. el RE nuclear

______ **16.** ¿Qué tipo de retículo endoplásmico (RE) produce lípidos y descompone las sustancias tóxicas?
a. el RE rugoso
b. el RE liso
c. el RE en espiral
d. el RE nuclear

MITOCONDRIAS

______ **17.** ¿Qué organelos descomponen el azúcar para liberar energía?
a. el aparato de Golgi
b. los lisosomas
c. los ribosomas
d. las mitocondrias

______ **18.** ¿Dónde almacena la célula la energía que necesita para trabajar?
a. en el aparato de Golgi
b. en el ADN
c. en la membrana
d. en el ATP

CLOROPLASTOS

______ **19.** ¿En qué se diferencian las células vegetales de las células animales?
a. Sólo las células vegetales tienen mitocondrias.
b. Sólo las células vegetales tienen núcleo.
c. Las células vegetales no pueden producir alimento.
d. Algunas células vegetales pueden producir alimento.

_______ **20.** ¿Qué usa un cloroplasto en su interior para atrapar la luz del Sol y producir azúcar?
a. mitocondrias
b. ribosomas
c. clorofila
d. vesículas

_______ **21.** ¿Qué produce el ATP a partir del azúcar generado por la fotosíntesis?
a. mitocondrias
b. ribosomas
c. clorofila
d. vesículas

APARATO DE GOLGI

_______ **22.** ¿Qué organelo procesa y transporta materiales al interior y al exterior de la célula?
a. el aparato de Golgi
b. los cloroplastos
c. las mitocondrias
d. el retículo endoplásmico

LOS COMPARTIMENTOS CELULARES

_______ **23.** ¿Qué rodea el material que va a ser llevado al interior o al exterior de una célula?
a. cloroplastos
b. mitocondrias
c. ribosomas
d. vesículas

LISOSOMAS

_______ **24.** ¿Qué vesículas son responsables de la digestión en el interior de una célula?
a. los cloroplastos
b. los ribosomas
c. las mitocondrias
d. los lisosomas

_______ **25.** ¿Cuál de los siguientes trabajos NO hacen los lisosomas?
a. Digerir organelos dañados.
b. Digerir materiales de desecho.
c. Digerir invasores externos.
d. Producir ATP.

______ **26.** ¿Dónde se encuentran principalmente los lisosomas?
a. en las células vegetales
b. en las células de las algas
c. en las células animales
d. en las células procarióticas

VACUOLAS

______ **27.** ¿Qué clase de vesículas de las células vegetales a veces colaboran en la digestión celular?
a. los lisosomas
b. las vacuolas
c. las mitocondrias
d. los cloroplastos

______ **28.** ¿Qué organelo de las células vegetales almacena agua y ayuda a sostener a la célula?
a. el gran lisosoma central
b. la gran vacuola central
c. la gran mitocondria central
d. el gran cloroplasto central

Nombre ______________________ Clase ______________ Fecha ____________

Hoja de destrezas

Lectura dirigida A

Sección: La organización de los seres vivos

Escribe la letra de la respuesta correcta en el espacio en blanco.

______ **1.** ¿Cómo se llama cualquier cosa que puede llevar a cabo procesos vitales independientemente?
a. célula
b. tejido
c. órgano
d. organismo

______ **2.** ¿Cómo se llaman los dos tipos de organismos?
a. organismos viejos y organismos nuevos
b. organismos grandes y organismos pequeños
c. organismos vivos y organismos sin vida
d. organismos unicelulares y organismos pluricelulares

ORGANISMOS UNICELULARES

______ **3.** ¿Cómo se llaman los organismos compuestos por una sola célula?
a. organismos unicelulares
b. organismos pluricelulares
c. organismos inorgánicos
d. organismos no reproductores

______ **4.** ¿Qué tipo de organismo NO necesita muchos recursos para vivir?
a. los organismos unicelulares
b. los organismos pluricelulares
c. los organismos inorgánicos
d. los organismos no reproductores

ORGANISMOS PLURICELULARES

______ **5.** ¿Cómo se llaman los organismos compuestos por muchas células?
a. organismos unicelulares
b. organismos pluricelulares
c. organismos inorgánicos
d. organismos no reproductores

______ **6.** ¿Cómo comienza un organismo pluricelular?
a. como una sola célula
b. como un grupo de células
c. como un grupo de levaduras
d. como parte de otro organismo

______ **7.** En los organismos pluricelulares, ¿qué ocurre cuando una sola célula se convierte en muchas?
a. Las células se desorganizan.
b. Las células se agrandan.
c. Las células se achican.
d. Las células se diferencian.

______ **8.** ¿Qué significa que las células se diferencien?
a. Las células pueden cumplir todas las funciones.
b. Las células no pueden cumplir ninguna función.
c. Las células pueden cumplir una sola función.
d. Las células crecen y se dividen.

Características de los seres pluricelulares

______ **9.** ¿Cómo crecen los organismos pluricelulares?
a. aumentan el tamaño de sus células
b. producen más células pequeñas
c. se conectan a otros organismos
d. viven en un grupo más grande

______ **10.** ¿Qué ocurre con un organismo unicelular si su célula muere?
a. El organismo muere.
b. El organismo vive.
c. El organismo crece.
d. El organismo se encoge.

______ **11.** ¿Qué ocurre con un organismo pluricelular si se le muere una célula?
a. El organismo muere.
b. El organismo vive.
c. El organismo crece.
d. El organismo se encoge.

______ **12.** ¿Por qué es más eficiente un organismo pluricelular que un organismo unicelular?
a. Porque cada célula está especializada.
b. Porque cada célula cumple todas las funciones.
c. Porque cada célula cumple dos funciones.
d. Porque cada célula vive para siempre.

______ **13.** ¿En qué se parece tener células especializadas a la producción en serie en una fábrica?
a. En que cada trabajo toma mucho tiempo.
b. En que ningún trabajo toma mucho tiempo.
c. En que se hacen más cosas en menos tiempo.
d. En que nada se hace a tiempo.

DE CÉLULAS A ORGANISMOS

_______ **14.** ¿Cuáles son los cuatro niveles de organización de un organismo pluricelular?
- **a.** células, tejidos, órganos, cuerpos
- **b.** células, órganos, aparatos de órganos, cuerpos
- **c.** células, tejidos, aparatos de órganos, cuerpos
- **d.** células, tejidos, órganos, aparatos de órganos

Las células: el primer nivel de organización

_______ **15.** ¿Cómo se llama la actividad que desempeña una célula?
- **a.** función
- **b.** estructura
- **c.** especialidad
- **d.** normalidad

_______ **16.** ¿Cómo se llama la forma en que se organiza una célula?
- **a.** función
- **b.** estructura
- **c.** especialidad
- **d.** normalidad

_______ **17.** ¿Qué células vegetales con forma de salchicha controlan el tamaño de las aberturas para el dióxido de carbono y el oxígeno?
- **a.** las células oclusivas
- **b.** las células de oxígeno
- **c.** las células bacteriales
- **d.** las células mitocondriales

Los tejidos: el segundo nivel de organización

_______ **18.** ¿Cómo se llama un grupo de células que trabajan en conjunto?
- **a.** grupo celular
- **b.** tejido
- **c.** órgano
- **d.** aparato o sistema del cuerpo

_______ **19.** ¿Cuáles son los cuatro tipos de tejidos que tienen los animales?
- **a.** de transporte, epitelial, basal, nervioso
- **b.** nervioso, muscular, conectivo, epitelial
- **c.** cardíaco, digestivo, cerebral, respiratorio
- **d.** celular, tejido, órgano, aparato de órganos

Escribe en el espacio en blanco la letra del término que corresponde a cada descripción.

______ **20.** tejido que mueve agua y nutrientes por la planta	**a.** epitelial
______ **21.** tejido que recubre y protege la planta	**b.** de transporte
______ **22.** tejido donde se lleva a cabo la fotosíntesis en la planta	**c.** basal

Los órganos: el tercer nivel de organización

Escribe la letra de la respuesta correcta en el espacio en blanco.

______ **23.** ¿Qué se compone de dos o más tejidos que trabajan en conjunto?
- **a.** la célula
- **b.** el tejido conectivo
- **c.** los órganos
- **d.** el aparato de tejidos

______ **24.** ¿Qué órgano está compuesto por tejido cardíaco, tejido nervioso y tejido de vasos sanguíneos?
- **a.** el corazón
- **b.** el estómago
- **c.** el cerebro
- **d.** la piel

______ **25.** ¿Qué órgano vegetal contiene un tejido que atrapa la energía de la luz solar para producir alimento?
- **a.** la raíz
- **b.** la hoja
- **c.** el tallo
- **d.** la flor

Los aparatos de órganos: el cuarto nivel de organización

______ **26.** ¿Cómo se llama un grupo de órganos que trabajan en conjunto?
- **a.** órganos conectivos
- **b.** organismo
- **c.** aparato o sistema de órganos
- **d.** tejido

______ **27.** ¿Qué aparato o sistema de órganos trabaja de forma coordinada para transportar la sangre por el cuerpo?
- **a.** el aparato digestivo
- **b.** el aparato respiratorio
- **c.** el sistema de tallos
- **d.** el aparato cardiovascular

_______ **28.** ¿Cuáles son tres aparatos o sistemas de órganos de las plantas?
a. las hojas, la raíz, el tallo
b. el respiratorio, el cardiovascular, el digestivo
c. el de transporte, el epitelial, el basal
d. la membrana, el cloroplasto, el lisosoma

ORGANISMOS

Completa las siguientes oraciones con los términos de la lista.

tejido	órgano	organismo
célula	aparato o sistema de órganos	

29. El primer nivel de organización en un organismo pluricelular es un/una

______________________.

30. Un grupo de células que llevan a cabo una función particular se llama

______________________.

31. Un grupo de tejidos forma un/una ______________________.

32. Un grupo de órganos forma un/una ______________________.

33. Los aparatos o sistemas de órganos forman un/una ______________________.

ORGANIZACIÓN UNICELULAR

Escribe la letra de la respuesta correcta en el espacio en blanco.

_______ **34.** ¿Cómo vive un organismo unicelular?
a. Muchas células cumplen muchas funciones.
b. Muchas células cumplen una función.
c. Una célula cumple todas las funciones.
d. Una célula cumple una función.

Nombre ______________________ Clase ______________ Fecha __________

Hoja de destrezas

Vocabulario y resumen de la sección A

Características de las células

VOCABULARIO

Define los siguientes términos en tus propias palabras. Usa el espacio en blanco correspondiente.

1. célula

____

____

____

2. membrana celular

____

____

____

3. organelo

____

____

____

4. núcleo

____

____

____

5. procariote

____

____

____

6. eucariote

____

____

____

RESUMEN DE LA SECCIÓN

Lee el siguiente resumen de la sección.

- La teoría celular establece que todos los organismos se componen de células, que la célula es la unidad fundamental de todos los seres vivos y que todas las células provienen de otras células.
- Todas las células tienen una membrana celular, un citoplasma y ADN.
- La mayoría de las células son demasiado pequeñas para verlas a simple vista. La relación superficie/volumen de las células limita su tamaño.
- Los dos tipos fundamentales de células son las células procarióticas y las células eucarióticas. Las células eucarióticas tienen un núcleo y organelos cubiertos por membranas. Las células procarióticas, no.
- Los procariotes son unicelulares.
- Los eucariotes pueden ser unicelulares o pluricelulares.

Nombre ______________________ Clase ______________ Fecha ______________

Hoja de destrezas

Vocabulario y resumen de la sección A

Células eucarióticas

VOCABULARIO

Define los siguientes términos en tus propias palabras. Usa el espacio en blanco correspondiente.

1. pared celular

____

____

____

2. citoesqueleto

____

____

____

3. ribosoma

____

____

____

4. retículo endoplásmico

____

____

____

5. mitocondria

____

____

____

6. cloroplasto

____

____

____

7. aparato de Golgi

____

____

____

8. vesícula

____

____

____

9. lisosoma

____

____

____

RESUMEN DE LA SECCIÓN

Lee el siguiente resumen de la sección.

- Las células eucarióticas tienen organelos que cumplen funciones que permiten a las células seguir viviendo.
- Todas las células tienen membrana celular. Algunas células tienen pared celular. Algunas células tienen citoesqueleto.
- El núcleo de las células eucarióticas contiene el material genético de la célula, el ADN.
- Los ribosomas son los organelos que fabrican proteínas. Los ribosomas no están cubiertos por una membrana.
- El retículo endoplásmico (RE) y el aparato de Golgi producen y procesan las proteínas antes de que sean transportadas a otras partes de la célula o al exterior.
- Las mitocondrias y los cloroplastos son organelos que le proveen energía química a la célula.
- Los lisosomas son los organelos responsables de la digestión que se lleva a cabo dentro de una célula. En las células vegetales, las grandes vacuolas centrales almacenan materiales celulares y a veces funcionan como lisosomas grandes.
- Las células vegetales tienen partes que no tienen las células animales. Las células vegetales tienen paredes celulares, cloroplastos y una gran vacuola central.

Nombre ______________________ Clase ______________ Fecha __________

Hoja de destrezas

Vocabulario y resumen de la sección A

La organización de los seres vivos

VOCABULARIO

Define los siguientes términos en tus propias palabras. Usa el espacio en blanco correspondiente.

1. organismo

2. función

3. estructura

4. tejido

5. órgano

6. aparato o sistema de órganos

RESUMEN DE LA SECCIÓN

Lee el siguiente resumen de la sección.

- Los organismos unicelulares tienen una sola célula.
- Cuando un organismo pluricelular se desarrolla, sus células se diferencian y se convierten en células especializadas.
- Los organismos pluricelulares se componen de una o muchas células y pueden tener un tamaño mayor y una vida más larga que los organismos unicelulares.
- Los cuatro niveles de organización de los organismos pluricelulares son: células, tejidos, órganos y aparato (o sistema) de órganos.
- Un tejido es un grupo de células que trabajan en conjunto. Un órgano está formado por dos o más tejidos que trabajan en conjunto. Un aparato o sistema de órganos está formado por dos o más órganos que trabajan en conjunto.

Nombre ______________________ Clase ______________ Fecha __________

Hoja de destrezas

Lectura dirigida A

Sección: Energía de la célula

Completa las siguientes oraciones con un término de la lista.

Sol alimentos reproducirse

1. Todas las células necesitan energía para vivir, crecer y ______________.

2. Las células vegetales obtienen su energía del/de los ______________.

3. Muchas células animales obtienen la energía que necesitan del/de los ______________.

DEL SOL A LA CÉLULA

Completa las siguientes oraciones con un término de la lista.

Sol fotosíntesis
energía alimento

4. Casi toda la energía que usan los seres vivos proviene del/de la ______________.

5. Las plantas transforman la energía solar en ______________.

6. El proceso por medio del cual las plantas producen alimento se llama ______________.

7. Las plantas usan el alimento que producen para obtener ______________.

Fotosíntesis

Escribe la letra de la respuesta correcta en el espacio en blanco.

______ 8. ¿Cómo se llaman las moléculas de las células vegetales que absorben la energía luminosa?
- **a.** clorofila
- **b.** cloroplastos
- **c.** pigmentos
- **d.** fotosíntesis

______ 9. ¿Qué les da a las plantas su color verde?
- **a.** el dióxido de carbono
- **b.** la glucosa
- **c.** el agua
- **d.** la clorofila

_______ **10.** Durante la fotosíntesis, ¿cuál de las siguientes opciones, junto con la luz solar, usan las plantas para producir alimento?
a. agua y oxígeno
b. agua y azúcar
c. agua y dióxido de carbono
d. agua y sal

_______ **11.** ¿Cuál de las siguientes opciones es el alimento que fabrican las plantas por sí mismas?
a. sal
b. glucosa
c. clorofila
d. calor

OBTENCIÓN DE ENERGÍA DE LOS ALIMENTOS

_______ **12.** ¿Cómo obtienen energía los organismos más complejos?
a. a través de la respiración
b. a través del alimento
c. durmiendo
d. a través de la respiración celular

Completa las siguientes oraciones con un término de la lista.

fermentación respiración celular

13. El proceso por medio del cual las células utilizan oxígeno para producir energía a partir de los alimentos se llama ________________________.

14. La descomposición de los alimentos sin utilizar oxígeno se llama ________________________.

Respiración celular

Escribe la letra de la respuesta correcta en el espacio en blanco.

_______ **15.** ¿Cuál de las siguientes opciones se descompone y forma CO_2 y H_2O durante la respiración celular?
a. la energía
b. el oxígeno
c. el alimento
d. el adenosín trifosfato (ATP)

______ **16.** ¿Para qué usan los animales la mayor parte de la energía liberada durante la respiración celular?
a. para mantener una temperatura corporal constante
b. para favorecer la fluctuación de la temperatura corporal
c. para formar adenosín trifosfato (ATP)
d. como combustible para las actividades celulares, como el crecimiento

Consulta la siguiente ilustración para contestar las preguntas 17, 18 y 19. Escribe la letra de la respuesta correcta en el espacio en blanco.

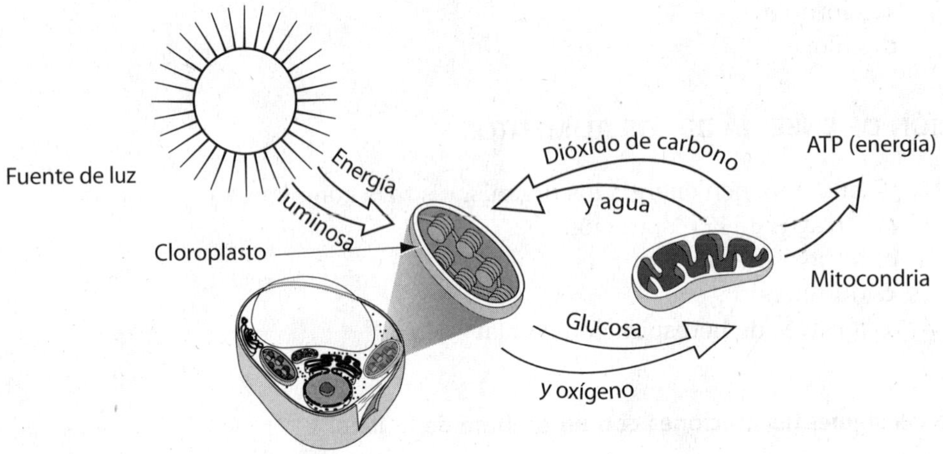

______ **17.** Observa la ilustración. ¿Qué dos procesos se muestran?
a. fotosíntesis y respiración
b. respiración y crecimiento
c. crecimiento y respiración celular
d. fotosíntesis y respiración celular

______ **18.** Observa la ilustración. ¿Dónde se realiza el proceso de respiración celular?
a. en la mitocondria
b. en la membrana celular
c. en los fluidos
d. en el cloroplasto

______ **19.** Observa la ilustración. ¿Qué otra cosa se libera durante la respiración celular, además de la energía?
a. dióxido de carbono y oxígeno
b. dióxido de carbono y glucosa
c. dióxido de carbono y alimento
d. dióxido de carbono y agua

Lectura dirigida A *(continuación)*

Relación entre la fotosíntesis y la respiración

Escribe en el espacio en blanco la letra del término que corresponde a cada descripción.

______ **20.**	Las células captan el dióxido de carbono para fabricar glucosa y liberar oxígeno.	**a.** respiración celular **b.** fotosíntesis
______ **21.**	Las células usan el oxígeno para descomponer la glucosa y liberar dióxido de carbono.	

Fermentación

Escribe la letra de la respuesta correcta en el espacio en blanco.

______ **22.** Las células musculares usan la fermentación para obtener energía cuando no pueden obtener una sustancia para la respiración celular: ¿Cuál de las siguientes opciones es esa sustancia?
a. oxígeno
b. dióxido de carbono
c. agua
d. glucosa

______ **23.** ¿Qué se produce en los músculos a través de la fermentación?
a. dióxido de carbono
b. oxígeno
c. respiración celular
d. ácido láctico

______ **24.** ¿Cuál de las siguientes opciones provoca fatiga muscular y una sensación de ardor en los músculos?
a. la acumulación de ácido láctico
b. la acumulación de dióxido de carbono
c. la acumulación de oxígeno
d. la acumulación de bacterias

Nombre ______________________ Clase ______________ Fecha ____________

Hoja de destrezas

Lectura dirigida A

Sección: El ciclo celular

Escribe la letra de la respuesta correcta en el espacio en blanco.

_______ **1.** ¿Qué reemplaza tu cuerpo cuando produce células nuevas?
a. células que están creciendo
b. células que se están multiplicando
c. células muertas
d. células sanas

_______ **2.** ¿Qué puedes hacer gracias a la producción de células nuevas?
a. crecer
b. dormir
c. comer
d. elaborar alimento

LA VIDA DE UNA CÉLULA

_______ **3.** ¿Cuándo comienza el ciclo celular?
a. cuando se forma la célula
b. cuando la célula usa energía
c. cuando se divide la célula
d. cuando la célula usa oxígeno

_______ **4.** ¿Cuándo termina el ciclo celular?
a. cuando se forma la célula
b. cuando la célula usa energía
c. cuando se divide y forma nuevas células
d. cuando la célula usa oxígeno

_______ **5.** ¿Cómo se llama el material hereditario contenido en una célula?
a. núcleos
b. agua
c. ADN
d. ATP

_______ **6.** ¿En qué estructuras se organiza el ADN de una célula?
a. en las bacterias
b. en el agua
c. en los fluidos
d. en los cromosomas

Producción de células procarióticas

Completa las siguientes oraciones con un término de la lista.

ADN circular fisión binaria

7. Las células procarióticas, que no tienen núcleo, tienen un solo cromosoma

__________________________.

8. Las células procarióticas, como las bacterias, se dividen mediante el/la

__________________________.

9. Una vez finalizada la fisión binaria, cada nueva célula contiene

una copia idéntica de __________________________.

Las células eucarióticas y su ADN

Escribe la letra de la respuesta correcta en el espacio en blanco.

______ **10.** ¿Cuántos cromosomas tienen los seres humanos?

a. 8
b. 48
c. 32
d. 46

______ **11.** ¿Cómo se llaman los pares de cromosomas similares?

a. pares procarióticos
b. cromosomas homólogos
c. ADN
d. pares eucarióticos

Producción de células eucarióticas

______ **12.** ¿Cuántas etapas tiene el ciclo celular de una célula eucariótica?

a. dos
b. tres
c. cuatro
d. cinco

______ **13.** ¿Cómo se llaman las dos copias de un cromosoma después de la duplicación?

a. ADN
b. centrómeros
c. cromátidas
d. organelos

______ **14.** ¿Cómo se llama el proceso mediante el cual se separan los cromosomas?

a. mitosis
b. copia
c. separación
d. duplicación

_______ **15.** ¿Qué hace una célula en la tercera etapa del ciclo celular?
a. se muere
b. se divide en dos células idénticas
c. elabora alimento
d. toma oxígeno

Mitosis y ciclo celular

Consulta la siguiente ilustración para contestar las preguntas 16 a 19. Escribe la letra de la respuesta correcta en el espacio en blanco.

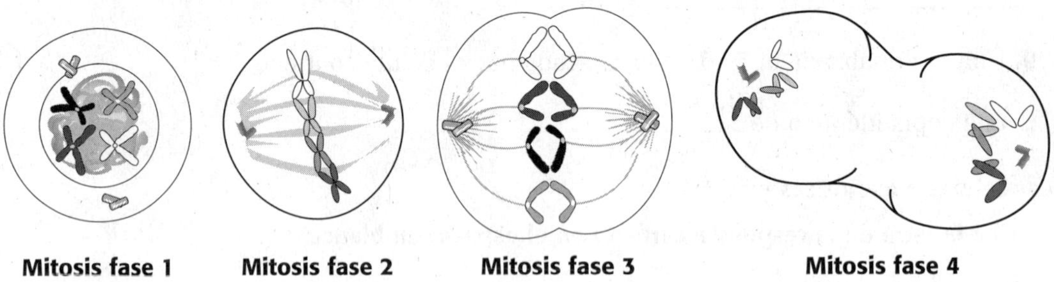

_______ **16.** Observa la ilustración. ¿En qué fase comienza la mitosis y los cromosomas se condensan y se transforman en estructuras con forma de bastón?
a. en la fase 1
b. en la fase 2
c. en la fase 3
d. en la fase 4

_______ **17.** Observa la ilustración. ¿En qué fase se separan las cromátidas y se desplazan hacia lados opuestos de la célula?
a. en la fase 1
b. en la fase 2
c. en la fase 3
d. en la fase 4

_______ **18.** Observa la ilustración. ¿En qué fase se forma una membrana nuclear alrededor de cada conjunto de cromosomas, completando la mitosis?
a. en la fase 1
b. en la fase 2
c. en la fase 3
d. en la fase 4

_______ **19.** Observa la ilustración. ¿En qué fase se disuelve la membrana nuclear y se alinean los pares de cromosomas?
a. en la fase 1
b. en la fase 2
c. en la fase 3
d. en la fase 4

Citocinesis

______ **20.** ¿Cuál de las siguientes acciones realiza la membrana celular durante la citocinesis en una célula animal?
a. se separa en dos partes
b. forma una placa celular
c. hace copias de su ADN
d. se marchita

______ **21.** ¿Cómo se llama la división del citoplasma de una célula?
a. mitosis
b. interfase
c. citocinesis
d. centrómero

______ **22.** ¿Qué se forma entre las dos nuevas células durante la citocinesis en una célula vegetal?
a. una placa celular
b. una mitocondria
c. una cromátida
d. agua

CONTROL DEL CICLO CELULAR

______ **23.** ¿Qué duplican las células madre durante la interfase?
a. cromátidas y centrómeros
b. cromosomas y organelos
c. cloroplastos y clorofila
d. eucariotes y procariotes

Llaves de retroalimentación

Completa las siguientes oraciones con un término de la lista.

ciclo celular	avanzar
retroalimentación	detener

24. Los mensajes en los cuales las células dan a conocer su situación se llaman

__________________________.

25. Si la retroalimentación indica que hay un exceso de determinada molécula, las proteínas que arman esa molécula reciben una señal de ______________________ la producción de la molécula.

26. Al mismo tiempo, las proteínas que descomponen la molécula pueden recibir una señal de ________________________ y comienza la descomposición de la molécula.

27. Las llaves de retroalimentación controlan el/la ______________________.

Cáncer

Escribe en el espacio en blanco la letra del término que corresponde a cada descripción.

_______ **28.** tumor causado por el crecimiento descontrolado de las células

_______ **29.** llaves de retroalimentación de las células

_______ **30.** tipo mortal de cáncer de piel

_______ **31.** aglutinaciones que se forman cuando las células se reproducen demasiado rápido

_______ **32.** acciones, como usar pantalla solar y controlar la piel para detectar la aparición de lunares anormales

a. prevención del cáncer de piel

b. melanoma

c. tumores

d. cáncer

e. proteínas

Nombre ______________________________ Clase _______________ Fecha ___________

Hoja de destrezas

Vocabulario y resumen de la sección A

Energía de la célula

VOCABULARIO

Define los siguientes términos en tus propias palabras. Usa el espacio en blanco correspondiente.

1. fotosíntesis

____

____

____

2. respiración celular

____

____

____

3. fermentación

____

____

____

RESUMEN DE LA SECCIÓN

Lee el siguiente resumen de la sección.

- La mayor parte de la energía que sustenta los procesos vitales proviene del Sol.
- La energía solar se transforma en alimento a través del proceso de fotosíntesis, que tiene lugar en los cloroplastos de las células vegetales.
- A través de la respiración celular, la glucosa se descompone en agua, dióxido de carbono y energía.
- La respiración celular se realiza en las mitocondrias de las células vegetales y animales.
- Las células obtienen energía a partir de su alimento en ausencia de oxígeno a través de la fermentación.

Nombre ______________________ Clase ______________ Fecha __________

Hoja de destrezas

Vocabulario y resumen de la sección A

El ciclo celular

VOCABULARIO

Define los siguientes términos en tus propias palabras. Usa el espacio en blanco correspondiente.

1. ciclo celular

____

____

2. cromosoma

____

____

3. mitosis

____

____

4. citocinesis

____

____

5. cáncer

____

____

RESUMEN DE LA SECCIÓN

Lee el siguiente resumen de la sección.

- El ciclo de vida de una célula es el ciclo celular.
- Una célula copia sus cromosomas durante la interfase.
- La mitosis produce dos núcleos con igual número de cromosomas.
- La mitosis tiene cuatro fases: profase, metafase, anafase y telofase.
- Al concluir la mitosis, el citoplasma se divide por citocinesis en dos células hijas.
- En las células vegetales, durante la citocinesis se forma una placa celular entre las dos células nuevas.
- El cáncer es un trastorno en la división celular.

Nombre ______________________ Clase ______________ Fecha ____________

Hoja de destrezas

Lectura dirigida A

Sección: Mendel y sus guisantes

Escribe la letra de la respuesta correcta en el espacio en blanco.

_____ **1.** ¿Cómo se llama la transmisión de caracteres genéticos de progenitores a descendientes?
- **a.** genética
- **b.** herencia
- **c.** dominancia
- **d.** polinización

ANTES DE MENDEL

_____ **2.** ¿Qué idea dice que los caracteres de ambos progenitores se mezclan?
- **a.** la herencia dominante
- **b.** la herencia recesiva
- **c.** la herencia de combinación
- **d.** la herencia combinada

_____ **3.** ¿Qué demostraron los experimentos de Mendel sobre la herencia combinada?
- **a.** La herencia combinada es siempre correcta.
- **b.** La herencia combinada NO es siempre correcta.
- **c.** La herencia combinada NUNCA es correcta.
- **d.** El color de los conejos es producto de la herencia combinada.

EL TRABAJO DE GREGOR MENDEL

_____ **4.** ¿En qué país nació Gregor Mendel?
- **a.** Estados Unidos
- **b.** Austria
- **c.** Alemania
- **d.** Italia

_____ **5.** ¿Qué organismo estudió Mendel?
- **a.** conejos
- **b.** seres humanos
- **c.** árboles de manzana
- **d.** guisantes

Guisantes autopolinizantes

_____ **6.** ¿Por qué estudió Mendel las plantas de guisantes?
- **a.** Porque las plantas de guisantes pueden autopolinizarse.
- **b.** Porque las plantas de guisantes pueden reproducirse por polinización cruzada.
- **c.** Porque las plantas de guisantes no tienen polen.
- **d.** Porque las plantas de guisantes no tienen semillas.

Lectura dirigida A *(continuación)*

Escribe en el espacio en blanco la letra del término que corresponde a cada descripción.

_____ **7.** Los gametos masculinos (del polen) de una planta fecundan las células huevo (en un óvulo) de una planta diferente.

_____ **8.** Los gametos masculinos (polen) de una planta fecundan los óvulos de la misma planta.

_____ **9.** Los descendientes de una planta autopolinizante tienen los mismos caracteres que la planta progenitora.

a. autopolinización
b. variedad pura
c. polinización cruzada

Características

Escribe la letra de la respuesta correcta en el espacio en blanco.

_____ **10.** ¿Cómo se llama un rasgo que adquiere diferentes formas en una población?
a. variedad
b. combinación
c. carácter
d. característica

_____ **11.** ¿Cómo se llaman las diferentes formas de las características?
a. variedades
b. combinaciones
c. caracteres
d. genes

Mezclar y combinar

_____ **12.** ¿Qué clase de plantas de guisantes usó Mendel para cada uno de los caracteres que estudió?
a. plantas de variedad pura
b. plantas híbridas
c. plantas silvestres
d. plantas con flores violetas

_____ **13.** ¿Para qué extrajo Mendel las anteras de una planta para polinizar en forma cruzada dos plantas de guisantes?
a. para que la planta no se autopolinizara
b. para que la planta no formara semillas
c. para que ambas plantas formaran semillas
d. para que las plantas no se polinizaran en forma cruzada

LOS PRIMEROS EXPERIMENTOS DE MENDEL

Completa las siguientes oraciones con un término de la lista.

recesivo/a de primera generación dominante

14. Los descendientes obtenidos de la cruza de plantas de variedad pura se llaman plantas ________________________.

15. El carácter que se observa en la primera generación, cuando se cruzan progenitores que tienen caracteres diferentes, se llama carácter ________________________.

16. Un carácter que desaparece en la primera generación es un carácter ________________________.

LOS SEGUNDOS EXPERIMENTOS DE MENDEL

Escribe la letra de la respuesta correcta en el espacio en blanco.

______ **17.** ¿Qué caracteres aparecieron en la segunda generación, cuando Mendel permitió que las plantas de primera generación se autopolinizaran?
a. sólo caracteres dominantes
b. sólo caracteres recesivos
c. caracteres dominantes nuevos
d. algunos caracteres recesivos

Proporciones en los experimentos de Mendel

______ **18.** ¿Qué caracteres se manifestaron más a menudo en las plantas de segunda generación de Mendel?
a. los caracteres dominantes
b. los caracteres recesivos
c. los caracteres nuevos
d. los caracteres invisibles

______ **19.** ¿Cuál es la relación entre dos números diferentes que se expresa a menudo en forma de fracción?
a. una suma
b. un multiplicador
c. una proporción
d. una diferencia

______ **20.** ¿Cuál es la proporción de los caracteres dominantes con respecto a los recesivos, según los cálculos de Mendel?
a. 4:1
b. 1:4
c. 3:1
d. 1:3

Gregor Mendel: su trabajo aún vive

_______ **21.** ¿Cuántas series de instrucciones recibe cada planta para cada característica?

a. dos: una serie de cada progenitor
b. cuatro: dos series de cada progenitor
c. una: una serie de un progenitor
d. dos: dos series de un progenitor

_______ **22.** ¿Cuánto tiempo pasó desde que Mendel publicó sus descubrimientos hasta que su trabajo obtuvo reconocimiento?

a. 3 años
b. 10 años
c. 30 años
d. 100 años

Nombre ______________________ Clase ______________ Fecha ____________

Hoja de destrezas

Lectura dirigida A

Sección: Los caracteres y la herencia

UNA GRAN IDEA

Escribe la letra de la respuesta correcta en el espacio en blanco.

______ **1.** ¿Cómo se llama la serie de instrucciones para un carácter heredado?
a. alelo
b. fenotipo
c. característica
d. gene

______ **2.** ¿Cuántas formas del mismo gene obtienen los descendientes para cada característica?
a. una versión de cada progenitor
b. dos versiones de un progenitor
c. una versión de un progenitor
d. dos versiones de cada progenitor

______ **3.** ¿Cómo se llaman las distintas formas de un gene?
a. alelos
b. fenotipos
c. características
d. caracteres

______ **4.** ¿Qué tipo de alelos se nombra con letras mayúsculas?
a. los alelos pequeños
b. los alelos dominantes
c. los alelos recesivos
d. los alelos grandes

______ **5.** ¿Qué tipo de alelos se nombra con letras minúsculas?
a. los alelos pequeños
b. los alelos dominantes
c. los alelos recesivos
d. los alelos grandes

Fenotipo

______ **6.** ¿Cómo se llama la apariencia de un organismo?
a. alelo
b. característica
c. genotipo
d. fenotipo

Lectura dirigida A *(continuación)*

Genotipo

Escribe en el espacio en blanco la letra del término que corresponde a cada descripción.

_____ **7.** se forma con ambos alelos heredados juntos

_____ **8.** una planta con dos alelos dominantes o dos alelos recesivos

_____ **9.** una planta con un alelo dominante y un alelo recesivo

a. homocigota
b. heterocigota
c. genotipo

Cuadros de Punnett

Escribe la letra de la respuesta correcta en el espacio en blanco.

_____ **10.** ¿Qué se usa para predecir los genotipos posibles en la descendencia de una cruza en particular?
a. una cuadrícula P
b. una tabla de dominancia
c. un mapa de herencia
d. un cuadro de Punnett

Consulta el siguiente cuadro de Punnett para contestar las preguntas 11 y 12. Escribe la letra de la respuesta correcta en el espacio en blanco.

	v	*v*
V	*Vv*	*Vv*
V	*Vv*	*Vv*

_____ **11.** Observa el cuadro de Punnett. ¿De qué color será la descendencia de las flores violetas *(VV)* y las flores blancas *(vv)?*
a. violeta
b. blanca
c. igual cantidad de flores violetas y flores blancas
d. una combinación de blanco y violeta

_____ **12.** Observa el cuadro de Punnett. ¿Cuántos descendientes de esta cruza tendrán el mismo genotipo?
a. todos los descendientes
b. la mitad de los descendientes
c. un cuarto de los descendientes
d. ningún descendiente

Nombre ______________________ Clase ______________ Fecha ____________

Más pruebas de la herencia

Consulta el siguiente cuadro de Punnett para contestar las preguntas 13 y 14. Escribe la letra de la respuesta correcta en el espacio en blanco.

	V	***v***
V	*VV*	*Vv*
v	*vV*	*vv*

______ **13.** Observa el cuadro de Punnett. ¿Cuáles son los genotipos posibles de la descendencia de esta cruza?

a. *VV, Vv, VV, vv*
b. *Vv, vv, VV, vv*
c. *vv, Vv, vV, vv*
d. *VV, Vv, vV, vv*

______ **14.** Observa el cuadro de Punnett. ¿Qué dos genotipos son exactamente iguales?

a. *VV* y *Vv*
b. *Vv* y *vV*
c. *vv* y *Vv*
d. *VV* y *vv*

¿CUÁLES SON LAS PROBABILIDADES?

Probabilidad

Escribe la letra de la respuesta correcta en el espacio en blanco.

______ **15.** ¿Cómo se llama la posibilidad matemática de que algo ocurra?

a. porcentaje
b. fracción
c. probabilidad
d. posibilidad

______ **16.** ¿Cuál es la probabilidad de que salga cruz al arrojar una moneda?

a. 1/1
b. 1/4
c. 1/2
d. 2/1

Calcular probabilidades

______ **17.** ¿Cómo calcularías la probabilidad de que salgan dos caras seguidas al arrojar una moneda?

a. 2 × 2 = 4
b. 1 × 2 = 2
c. 1/2 × 2 = 1
d. 1/2 × 1/2 = 1/4

Probabilidad de los genotipos

______ **18.** ¿Qué probabilidades de obtener dos alelos *v* tienen los descendientes de una cruza *Vv* × *Vv* de una planta de guisantes?

a. 1/2 × 1/4 =1/8
b. 1/2 × 1/2 = 1/4
c. 1 × 2 = 2
d. 1/2 × 1 = 1/2

______ **19.** ¿Cuántas opciones posibles había para cada carácter de la planta de guisantes que examinó Mendel?

a. 1
b. 2
c. 3
d. 4

MÁS ACERCA DE LOS CARACTERES

Un gene, muchos caracteres

______ **20.** ¿Cuántos genes controlan el color de ojos y el color del pelaje de un tigre blanco?

a. uno
b. dos
c. cuatro
d. ocho

Muchos genes, un carácter

______ **21.** ¿Qué causa la variedad de tonalidades de un mismo color de ojos en los seres humanos?

a. un gene que actúa solo
b. un gene de cada progenitor
c. dos genes de cada progenitor
d. varios genes que actúan en conjunto

La importancia del ambiente

______ **22.** ¿Cuál de las siguientes opciones es una de las condiciones ambientales internas que influye sobre la estatura?
a. la vestimenta gruesa
b. la nutrición
c. la geografía
d. la exposición a la luz solar

VARIACIÓN GENÉTICA

______ **23.** ¿Cuántos genes estiman los científicos que tienen los seres humanos?
a. aproximadamente 300
b. aproximadamente 3,000
c. aproximadamente 30,000
d. aproximadamente 300,000

______ **24.** ¿Cómo se llaman las diferencias en los conjuntos de alelos entre los individuos de una población?
a. diversidad genética
b. variación genética
c. variación de la población
d. diversidad de la población

______ **25.** ¿A qué clase de caracteres afectan los genes?
a. a los caracteres causados por el ambiente
b. sólo a los caracteres que no se ven
c. a los caracteres que se ven y a los caracteres que no se ven
d. sólo a los caracteres que se ven

Nombre ______________________ Clase ______________ Fecha ____________

Hoja de destrezas

Lectura dirigida A

Sección: Meiosis

Escribe la letra de la respuesta correcta en el espacio en blanco.

_____ **1.** ¿Cuánta información genética le aporta cada progenitor a sus descendientes en la reproducción sexual?
- **a.** toda la información genética
- **b.** el doble de la información genética
- **c.** la mitad de la información genética
- **d.** ninguna información genética

Completa las siguientes oraciones con un término de la lista.

cromosomas	reproducción asexual	reproducción sexual

2. La información genética proviene de un progenitor en la ________________.

3. La información genética proviene de dos progenitores en la ________________.

4. La información genética está ubicada en estructuras llamadas ________________.

EL NÚMERO DE CROMOSOMAS

Escribe la letra de la respuesta correcta en el espacio en blanco.

_____ **5.** ¿Cuántos cromosomas tienen normalmente las células del cuerpo humano?
- **a.** 20
- **b.** 46
- **c.** 51
- **d.** 78

Cromosomas homólogos

_____ **6.** ¿Qué pares de cromosomas de las células corporales llevan la misma serie de genes?
- **a.** los genes homólogos
- **b.** los genes homocigóticos
- **c.** los cromosomas homocigóticos
- **d.** los cromosomas homólogos

_____ **7.** ¿Qué clase de alelos de un gene tienen los cromosomas homólogos?
- **a.** siempre los mismos alelos
- **b.** siempre alelos diferentes
- **c.** a veces alelos diferentes
- **d.** nunca los mismos alelos

LOS CROMOSOMAS EN LA REPRODUCCIÓN

Escribe en el espacio en blanco la letra del término que corresponde a cada descripción.

_______ **8.** células que tienen pares homólogos de cromosomas

_______ **9.** células sin pares homólogos de cromosomas

_______ **10.** proceso en el cual dos células haploides forman una célula diploide

_______ **11.** proceso en el cual las células diploides se dividen y crean más células diploides

a. haploides
b. mitosis
c. diploides
d. fecundación

MEIOSIS

Escribe la letra de la respuesta correcta en el espacio en blanco.

_______ **12.** ¿Cuándo se producen las células sexuales?
- **a.** durante la mitosis
- **b.** durante la meiosis
- **c.** durante la fecundación
- **d.** durante la polinización

_______ **13.** ¿Qué proceso genera células con la mitad del número usual de cromosomas?
- **a.** la mitosis
- **b.** la meiosis
- **c.** la cromatosis
- **d.** la fecundación

_______ **14.** ¿Cuántos cromosomas tiene un óvulo humano?
- **a.** 46
- **b.** 23
- **c.** 10
- **d.** 1

Los pasos de la meiosis

Escribe en el espacio en blanco la letra que corresponde a cada rótulo de los pasos de la meiosis.

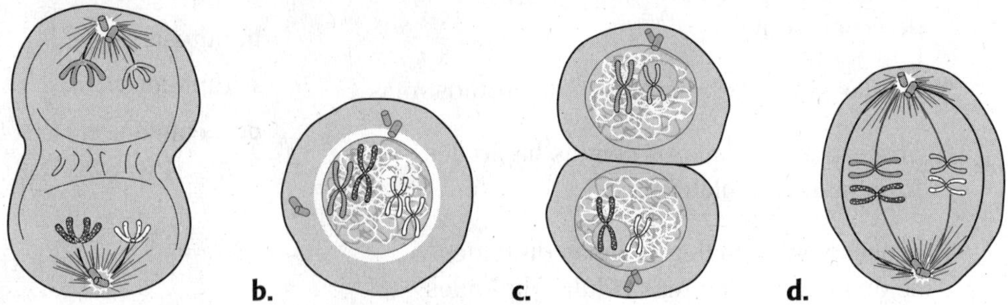

a. b. c. d.

_______ **15.** Se unen copias idénticas de cromosomas, llamadas cromátidas.

_______ **16.** Los pares de cromosomas homólogos se alinean en el ecuador de la célula.

_______ **17.** Los cromosomas se separan de sus homólogos y luego se desplazan a extremos opuestos de la célula.

_______ **18.** La célula se divide la primera vez y las cromátidas siguen unidas en pares.

Escribe en el espacio en blanco la letra que corresponde a cada rótulo de los pasos de la meiosis.

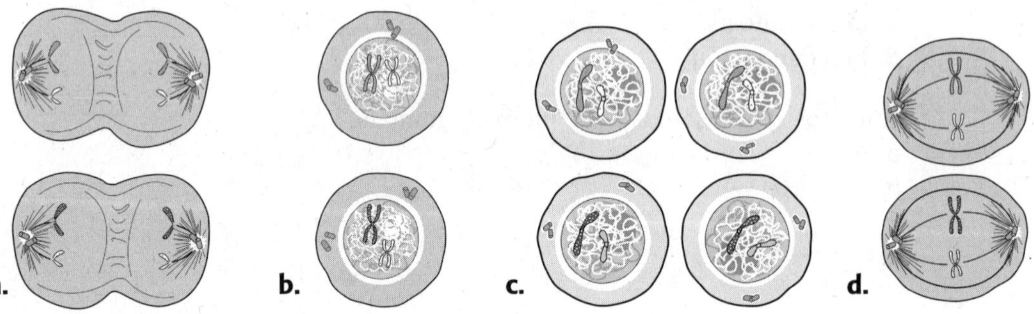

a. b. c. d.

_______ **19.** Cada célula contiene un miembro del par de cromosomas homólogos.

_______ **20.** Desaparece la membrana nuclear y los cromosomas se alinean en el ecuador de cada célula.

_______ **21.** Se vuelve a formar la membrana nuclear y la célula se divide.

_______ **22.** A partir de la célula diploide original, se forman cuatro nuevas células haploides.

LA MEIOSIS Y MENDEL

Escribe la letra de la respuesta correcta en el espacio en blanco.

______ **23.** ¿Los pasos de qué proceso explican los resultados de Mendel?
- **a.** meiosis
- **b.** mitosis
- **c.** cromatosis
- **d.** fotosíntesis

Meiosis y herencia

______ **24.** ¿Qué cantidad del material genético de la descendencia proviene de su madre biológica?
- **a.** casi todo
- **b.** aproximadamente la mitad
- **c.** aproximadamente un cuarto
- **d.** casi nada

______ **25.** ¿Dónde se encuentra la mayor parte del material genético de una célula animal?
- **a.** en la membrana celular
- **b.** en la pared celular
- **c.** en el citoesqueleto
- **d.** en el núcleo

______ **26.** ¿De dónde proviene el ADN mitocondrial de la descendencia?
- **a.** de la madre
- **b.** del padre
- **c.** del ambiente
- **d.** del alimento

Nombre ______________________ Clase ______________ Fecha ____________

Hoja de destrezas

Vocabulario y resumen de la sección A

Mendel y sus guisantes

VOCABULARIO

Define los siguientes términos en tus propias palabras. Usa el espacio en blanco correspondiente.

1. herencia

____

____

2. carácter dominante

____

____

3. carácter recesivo

____

____

RESUMEN DE LA SECCIÓN

Lee el siguiente resumen de la sección.

- La herencia es la transmisión de caracteres de progenitores a descendientes.
- Antes de que se aceptaran las ideas de Mendel, las personas explicaban la herencia como la combinación de los caracteres de cada progenitor.
- Los experimentos de Gregor Mendel con plantas de guisante finalmente cambiaron la manera de pensar acerca de la herencia.
- Cuando se cruzan progenitores con caracteres diferentes, los caracteres dominantes están siempre presentes en la primera generación. Los caracteres recesivos no son visibles en la primera generación pero reaparecen en la segunda generación.
- Mendel descubrió una proporción de 3:1 de los caracteres dominantes sobre los recesivos en la segunda generación.
- Las ideas de Mendel son la base de la genética moderna.

Nombre ______________________________ Clase ______________ Fecha __________

Hoja de destrezas

Vocabulario y resumen de la sección A

Los caracteres y la herencia

VOCABULARIO

Define los siguientes términos en tus propias palabras. Usa el espacio en blanco correspondiente.

1. gene

____

____

2. alelo

____

____

3. fenotipo

____

____

4. genotipo

____

____

5. probabilidad

____

____

RESUMEN DE LA SECCIÓN

Lee el siguiente resumen de la sección.

- Las instrucciones para un carácter heredado se llaman *genes.* Por cada gene, hay dos alelos, uno heredado de cada progenitor. Ambos alelos componen el genotipo de un organismo.
- El fenotipo de un organismo consiste en las características observables del organismo.
- Los cuadros de Punnett muestran todos los posibles genotipos de los descendientes.
- Se puede aplicar la probabilidad para describir los posibles resultados en la descendencia y qué tan probable es cada resultado.
- Algunos genes influyen sobre más de un carácter.
- Algunos caracteres sufren la influencia de muchos genes.
- El ambiente puede influir en la manera en que se expresan los genes.
- Los científicos estiman que los seres humanos tienen aproximadamente 30,000 genes.

Nombre ______________________________ Clase _______________ Fecha ____________

Hoja de destrezas

Vocabulario y resumen de la sección A

Meiosis

VOCABULARIO

Define los siguientes términos en tus propias palabras. Usa el espacio en blanco correspondiente.

1. cromosomas homólogos

____

____

2. diploide

____

____

3. haploide

____

____

4. meiosis

____

____

RESUMEN DE LA SECCIÓN

Lee el siguiente resumen de la sección.

- Los pares homólogos de cromosomas contienen los mismos genes. Los alelos de cada gene pueden ser iguales o diferentes.
- Las células diploides tienen pares homólogos de cromosomas. Las células haploides, no.
- El proceso de meiosis produce células sexuales haploides.
- Durante la reproducción sexual, las células sexuales haploides se combinan para crear un nuevo organismo diploide.
- La meiosis explica por qué los organismos heredan la mitad de su información genética de cada progenitor.

Nombre ______________________________ Clase ______________ Fecha __________

Hoja de destrezas

Lectura dirigida A

Sección: ¿Cómo es el ADN?

Escribe la letra de la respuesta correcta en el espacio en blanco.

_______ **1.** ¿Quiénes determinan las características hereditarias?
- **a.** las moléculas
- **b.** los genes
- **c.** los descendientes
- **d.** los factores geográficos

_______ **2.** ¿Cuál es la abreviatura del término “ácido desoxirribonucleico”?
- **a.** ADN
- **b.** RAN
- **c.** DEO
- **d.** ARD

_______ **3.** ¿Dónde se encuentran los genes?
- **a.** en las moléculas
- **b.** en los aminoácidos
- **c.** en los cromosomas
- **d.** en el agua

_______ **4.** ¿Qué determina lo que heredan y lo que necesitan para vivir los seres vivos?
- **a.** el ADN
- **b.** el RAN
- **c.** el DEO
- **d.** el ARD

LAS PIEZAS DEL ROMPECABEZAS

_______ **5.** ¿Qué material da las instrucciones para fabricar y mantener las células?
- **a.** las proteínas
- **b.** los carbohidratos
- **c.** los genes
- **d.** los caracteres

_______ **6.** ¿Qué sucede con los genes cuando se dividen las células?
- **a.** Se copian.
- **b.** Cambian.
- **c.** Crecen.
- **d.** Desaparecen.

_______ **7.** ¿Qué permite que los genes den instrucciones y se copien?
a. el ADN
b. el RAN
c. el DEO
d. el ARD

Nucleótidos: las subunidades de ADN

_______ **8.** ¿Qué parte del ADN se forma con un azúcar, un fosfato y una base?
a. un núcleo
b. un nucleótido
c. un gene
d. una molécula

_______ **9.** ¿Cuáles son las cuatro bases que componen a los nucleótidos del ADN?
a. adenina, timina, guanina y citosina
b. oxígeno, nitrógeno, helio e hidrógeno
c. adenina, citosina, helio e hidrógeno
d. azúcar, fosfato, cromosoma y gene

Las reglas de Chargaff

_______ **10.** ¿Qué científico descubrió que la cantidad de adenina en el ADN es igual a la cantidad de timina, y que la cantidad de guanina equivale a la cantidad de citosina?
a. Watson y Crick
b. Erwin Chargaff
c. Rosalind Franklin
d. Marie Curie

El descubrimiento de Franklin

_______ **11.** ¿Qué científico uso la difracción de los rayos X y descubrió que el ADN tiene forma de espiral?
a. Watson y Crick
b. Erwin Chargaff
c. Rosalind Franklin
d. Marie Curie

El modelo Watson-Crick

_______ **12.** ¿Qué científicos construyeron un modelo de ADN que tenía el aspecto de una larga escalera en espiral?
a. Watson y Crick
b. Chargaff y Franklin
c. Crick y Franklin
d. Watson y Holmes

LA ESTRUCTURA DOBLE DEL ADN

Completa las siguientes oraciones con los términos de la lista.

citosina	fosfato	doble hélice
bases	timina	

13. La forma de escalera en espiral del ADN se conoce como ________________________.

14. Los lados de la escalera están hechos de partes intercaladas de azúcar y

________________________.

15. Los peldaños de la escalera están hechos de pares de ________________________.

16. La adenina de un lado del peldaño siempre va con la ________________________ del otro lado.

17. La guanina de un lado del peldaño siempre va con la ________________________ del otro lado.

CÓMO SE COPIA EL ADN

Escribe la letra de la respuesta correcta en el espacio en blanco.

______ **18.** ¿Qué hacen las células cuando replican el ADN?
- **a.** agrandan el ADN
- **b.** forman nuevas bases de ADN
- **c.** hacen copias del ADN
- **d.** se unen con otros ADN

______ **19.** ¿Por qué una base se une sólo con otra base en el ADN?
- **a.** porque las bases se replican
- **b.** porque las bases se fragmentan
- **c.** porque las bases se duplican
- **d.** porque las bases son complementarias

Cómo se hacen las copias

______ **20.** ¿Cómo se divide una molécula de ADN durante la replicación?
- **a.** hacia abajo por la mitad
- **b.** en tercios
- **c.** de lado a lado
- **d.** en cada par de bases

______ **21.** ¿Qué se forma a lo largo de cada hebra original cuando se divide el ADN?
- **a.** un nuevo azúcar
- **b.** un nuevo fosfato
- **c.** una nueva célula
- **d.** una nueva hebra

Cuándo se hacen las copias

_______ **22.** ¿Qué pasa cada vez que se divide una célula?
- **a.** Se agranda el núcleo.
- **b.** Se destruye el núcleo.
- **c.** Se destruye el ADN.
- **d.** Se copia el ADN.

_______ **23.** ¿Quiénes se encargan de separar, copiar y volver a unir el ADN dentro de una célula?
- **a.** las proteínas
- **b.** los fosfatos
- **c.** las células
- **d.** las hebras

Nombre ______________________________ Clase ______________ Fecha ____________

Hoja de destrezas

Lectura dirigida A

¿Cómo funciona el ADN?

Escribe la letra de la respuesta correcta en el espacio en blanco.

______ **1.** ¿Cuántos metros de ADN contiene una célula humana?
a. menos de 1 m
b. alrededor de 2 m
c. más de 10 m
d. alrededor de 30,000 m

DESENREDAR EL ADN

______ **2.** ¿Qué comprime al ADN con tanta firmeza que cabe en grandes cantidades dentro de una célula?
a. las proteínas
b. los cromosomas
c. las bases
d. los azúcares

______ **3.** ¿Qué forman la molécula de ADN y las proteínas alrededor de las que se enrosca?
a. una base
b. una célula
c. un cromosoma
d. un fosfato

______ **4.** ¿Cómo se llaman las hebras largas de ADN y proteínas?
a. cromátida
b. cromosoma
c. gene
d. cromatina

______ **5.** ¿Cómo se llama la cadena de nucleótidos que dan información a la célula acerca de cómo hacer un carácter?
a. cromatina
b. mutágeno
c. fosfato
d. gene

LOS GENES Y LAS PROTEÍNAS

______ **6.** El código de un aminoácido está formado por tres
a. fosfatos.
b. genes.
c. cromatinas.
d. bases.

_______ **7.** ¿Qué forman las hebras largas de aminoácidos?
a. proteínas
b. células
c. nucleótidos
d. cromátidas

_______ **8.** ¿Cómo se llama la serie de instrucciones para formar una proteína?
a. célula
b. gene
c. nucleótido
d. cromátida

Proteínas y caracteres

_______ **9.** ¿Cuál de las siguientes opciones provoca reacciones químicas y actúa como mensajero en los procesos celulares internos?
a. los carbohidratos
b. los mutágenos
c. los fosfatos
d. las proteínas

La ayuda del ARN

_______ **10.** ¿Qué tipo de molécula, junto con el ADN, sirve para hacer proteínas?
a. el RAD
b. el ARN
c. el DNR
d. el DTR

_______ **11.** ¿Qué base contiene el ARN pero no el ADN?
a. adenina
b. guanina
c. uracilo
d. timina

La formación de una proteína

Completa las siguientes oraciones con los términos de la lista.

ribosoma	proteína
ARN mensajero	ARN de transferencia

12. Una copia idéntica de un lado de un segmento de ADN se llama

_________________________.

13. La copia de ARN pasa por una línea de montaje de proteínas llamada

_________________________.

14. El/La _________________________ envía aminoácidos del citoplasma al ribosoma.

15. Las bases del ARN de transferencia se combinan con las bases del ARN mensajero

y dan las instrucciones para forman el/la _________________________.

CAMBIOS EN LOS GENES

Escribe la letra de la respuesta correcta en el espacio en blanco.

_______ **16.** ¿Cómo se llama el cambio en la secuencia de la base de nucleótido del ADN?

a. uracilo
b. ribosoma
c. mutágeno
d. mutación

¿Cómo ocurren las mutaciones?

_______ **17.** ¿Cuál de las siguientes opciones ocurre a causa de errores aleatorios al copiar el ADN?

a. mutágenos
b. clones
c. cromatinas
d. mutaciones

_______ **18.** ¿Cómo se llaman los factores del ambiente que pueden provocar mutaciones?

a. mutágenos
b. antígenos
c. nucleótidos
d. cromátidas

Lectura dirigida A *(continuación)*

¿Importan las mutaciones?

______ **19.** ¿Qué clase de caracteres se forman con la mayoría de las mutaciones?
a. caracteres útiles
b. caracteres perjudiciales
c. caracteres mejorados
d. caracteres sin cambios

Escribe en el espacio en blanco la letra del término que corresponde a cada descripción.

______ **20.** clase de mutación que hace que un organismo tenga más probabilidades de sobrevivir en una sequía

______ **21.** clase de mutación que no cambia la proteína codificada por un gene

______ **22.** clase de mutación que facilita la detección por parte de los depredadores

a. carácter perjudicial
b. carácter mejorado
c. carácter sin cambio

Nombre ______________________ Clase ______________ Fecha ____________

Hoja de destrezas

Vocabulario y resumen de la sección A

¿Cómo es el ADN?

VOCABULARIO

Define los siguientes términos en tus propias palabras. Usa el espacio en blanco correspondiente.

1. ADN

____

____

2. nucleótido

____

____

RESUMEN DE LA SECCIÓN

Lee el siguiente resumen de la sección.

- El ADN es el material que compone los genes.
- Las investigaciones llevadas a cabo por Chargaff, Franklin, Watson y Crick llevaron al descubrimiento de la estructura y la función del ADN.
- La molécula de ADN tiene forma de escalera en espiral, o doble hélice. Las dos mitades son largas cadenas de nucleótidos.
- En el ADN, la adenina siempre va con la timina y la guanina siempre va con la citosina.
- La estructura del ADN le permite replicarse fielmente.

Nombre ______________________________ Clase _______________ Fecha ___________

Hoja de destrezas

Vocabulario y resumen de la sección A

¿Cómo funciona el ADN?

VOCABULARIO

Define los siguientes términos en tus propias palabras. Usa el espacio en blanco correspondiente.

1. ARN

____

____

2. ribosoma

____

____

3. mutación

____

____

RESUMEN DE LA SECCIÓN

Lee el siguiente resumen de la sección.

- Un gene es un conjunto de instrucciones para formar una proteína. El ADN se encarga de almacenar estas instrucciones genéticas.
- Todos los organismos tienen ADN en las células. Los seres humanos tienen alrededor de 2 metros de ADN en cada célula.
- Normalmente, los caracteres de los organismos son determinados por las proteínas, que son codificadas por los segmentos de ADN llamados "genes".
- Dentro de un gene, cada grupo de tres bases codifica un aminoácido. Cada secuencia de aminoácidos se une para formar una proteína.
- Las proteínas se forman dentro del citoplasma de las células.
- Una mutación es un cambio en el ADN que puede afectar los caracteres de un organismo.

Nombre ______________________ Clase ______________ Fecha ____________

Hoja de destrezas

Lectura dirigida A

Sección: El estudio de la historia de la Tierra

LOS PRIMEROS ESTUDIOS DE GEOLOGÍA

Escribe la letra de la respuesta correcta en el espacio en blanco.

______ **1.** ¿Quién elaboró la idea actualmente conocida como uniformitarianismo?
- **a.** Albert Einstein
- **b.** James Hurst
- **c.** James Hutton
- **d.** Charles Lyell

______ **2.** ¿Qué establece la idea del uniformitarianismo?
- **a.** que los procesos geológicos que han intervenido a lo largo de la historia del planeta están cambiando
- **b.** que la Tierra cambia sólo en determinados momentos y luego de ciertos sucesos
- **c.** que la Tierra se mantiene siempre igual
- **d.** que los procesos geológicos actuales son los mismos que han intervenido a lo largo de la historia del planeta

El uniformitarianismo y el catastrofismo

______ **3.** ¿Qué establece la teoría del catastrofismo?
- **a.** Los cambios geológicos ocurren de repente.
- **b.** Los cambios geológicos son predecibles.
- **c.** Las catástrofes geológicas son uniformes.
- **d.** Los cambios geológicos ocurren lentamente.

______ **4.** ¿Qué sugerían las teorías de Hutton?
- **a.** que la Tierra no era muy antigua
- **b.** que la Tierra había experimentado muchas catástrofes
- **c.** que la Tierra era mucho más antigua de lo que se pensaba
- **d.** que la Tierra nunca cambió

Una victoria para el uniformitarianismo

______ **5.** ¿Quién escribió *Principios de la geología?*
- **a.** Albert Einstein
- **b.** James Hutton
- **c.** Charles Lyell
- **d.** Charles Houston

______ **6.** ¿Qué principio apoyaba el libro *Principios de la geología?*
- **a.** la deposición
- **b.** la erosión
- **c.** el catastrofismo
- **d.** el uniformitarianismo

GEOLOGÍA MODERNA: EL TÉRMINO MEDIO

______ **7.** ¿Qué creen actualmente los científicos sobre el cambio geológico?
- **a.** Todos los cambios ocurren muy lentamente.
- **b.** Todos los cambios son repentinos.
- **c.** Algunos cambios son graduales y otros son repentinos.
- **d.** El cambio geológico no existe.

______ **8.** ¿Qué creen algunos científicos que provocó la extinción de los dinosaurios?
- **a.** un terremoto
- **b.** el impacto de un asteroide
- **c.** un huracán
- **d.** una sequía

PALEONTOLOGÍA: EL ESTUDIO DE LA VIDA EN EL PASADO

______ **9.** ¿Para qué sirve el estudio de los fósiles?
- **a.** para determinar la edad de la Tierra
- **b.** para saber cómo cambiaron el ambiente y la vida
- **c.** para determinar la edad del universo
- **d.** para saber cómo se forman las montañas y los ríos

Escribe en el espacio en blanco la letra del término que corresponde a cada descripción.

______ **10.** los científicos que estudian la vida del pasado

______ **11.** los restos de organismos preservados por procesos geológicos

a. fósiles

b. paleontólogos

Nombre ______________________ Clase ______________ Fecha ____________

Hoja de destrezas

Lectura dirigida A

Sección: Datación relativa

Escribe la letra de la respuesta correcta en el espacio en blanco.

______ **1.** ¿Cuál de los siguientes métodos se utiliza para determinar la antigüedad de un suceso u objeto en relación con otros sucesos u objetos?
a. secuencia relativa
b. datación relativa
c. historia relativa
d. geología relativa

EL CICLO DE LAS ROCAS

______ **2.** ¿Qué otro nombre recibe la historia geológica?
a. datación relativa
b. discordancia
c. registro geológico
d. historia relativa

______ **3.** ¿Qué se forma cuando se enfría el magma?
a. roca ígnea
b. roca metamórfica
c. roca sedimentaria
d. cemento

Meteorización, erosión y deposición

______ **4.** ¿Qué tipo o tipos de rocas se pueden fragmentar a través de la meteorización?
a. sólo las sedimentarias
b. las ígneas, las metamórficas y las sedimentarias
c. sólo las ígneas y las metamórficas
d. sólo las ígneas

______ **5.** ¿Cómo se llama el proceso mediante el cual los sedimentos son transportados de un lugar a otro?
a. erosión
b. meteorización
c. deposición
d. metamorfosis

Formación de roca sedimentaria

______ **6.** ¿Qué sucede cuando se litifica el sedimento?
- **a.** Se derrite y se transforma en magma.
- **b.** Se suelta.
- **c.** Se erosiona.
- **d.** Se endurece.

______ **7.** ¿Qué se forma si quedan detritos biológicos en la roca?
- **a.** una intrusión
- **b.** un fósil
- **c.** una falla
- **d.** un pliegue

EL PRINCIPIO DE LA SUPERPOSICIÓN

______ **8.** ¿Qué saben los científicos sobre las secuencias de capas de roca que no han sido alteradas?
- **a.** que las rocas más viejas se encuentran sobre las más jóvenes
- **b.** que las rocas más jóvenes se encuentran bajo las más viejas
- **c.** que las rocas más jóvenes se encuentran sobre las más viejas
- **d.** que las rocas más viejas han sido eliminadas por la erosión

Superposición en capas de rocas

______ **9.** ¿Qué principio establece que las rocas más jóvenes se encuentran sobre las más viejas en secuencias que no han sido alteradas?
- **a.** la datación relativa
- **b.** la superposición
- **c.** el catastrofismo
- **d.** el uniformitarianismo

ALTERACIÓN DE LAS CAPAS DE ROCA

______ **10.** ¿Cuál de las siguientes afirmaciones sobre las secuencias de rocas NO es verdadera?
- **a.** Las fuerzas internas de la Tierra pueden alterar algunas secuencias de rocas.
- **b.** Las capas más viejas se hallan encima de todas las secuencias de rocas.
- **c.** Las fuerzas de la Tierra pueden hacer que las rocas formen una secuencia.
- **d.** Algunas secuencias de rocas pueden estar invertidas.

Procesos que alteran las capas de roca

______ **11.** ¿Cómo se llama el curvamiento de capas de rocas producido por el estrés?
- **a.** intrusión
- **b.** plegamiento
- **c.** inclinación
- **d.** falla

Características que atraviesan las capas de roca

_______ **12.** ¿Cómo se llama una grieta en la corteza terrestre a lo largo de la cual las rocas cambian de posición?
a. intrusión
b. plegamiento
c. inclinación
d. falla

Lagunas en el registro

_______ **13.** ¿Qué se produce cuando faltan capas de roca?
a. una intrusión
b. un vacío en el registro geológico
c. una superposición
d. un plegamiento

Discordancias

_______ **14.** ¿Cuál de las siguientes opciones NO es una discordancia?
a. El cese de la deposición cuando se interrumpe el suministro de sedimentos.
b. La eliminación de capas a través de la erosión.
c. La ruptura en el registro geológico.
d. La acumulación de sedimentos en capas por acción de la gravedad.

ROMPECABEZAS DE CAPAS DE ROCA

_______ **15.** ¿Cuál de las siguientes afirmaciones sobre las secuencias de capas de roca NO es verdadera?
a. Las secuencias de capas de roca son afectadas a menudo por más de un proceso.
b. Las secuencias de capas de roca son afectadas a menudo por un solo proceso.
c. Se pueden producir intrusiones en capas de roca que contienen una discordancia.
d. Las secuencias de capas de roca ayudan a los geólogos a comprender la historia de la Tierra.

La ley de las relaciones entrecortadas

_______ **16.** ¿Qué característica presenta una falla en relación con el cuerpo que atraviesa?
a. es más joven
b. es más vieja
c. tiene la misma edad
d. puede ser más joven o más vieja

Edades relativas de las capas de roca y las características

______ **17.** ¿Cuál de las siguientes afirmaciones sobre la figura 6 de tu libro de texto es verdadera?
a. La falla se formó antes de la intrusión ígnea.
b. La intrusión ígnea se formó primero.
c. La intrusión ígnea se formó al final.
d. La falla se formó al final.

EL ORDEN DE LOS SUCESOS

______ **18.** ¿Qué les indica a los geólogos la datación relativa?
a. el orden en que ocurrieron los sucesos
b. el momento en que ocurrieron los sucesos
c. tanto el orden como el momento en que ocurrieron los sucesos
d. los sucesos que tendrán lugar en el futuro

Nombre ______________________________ Clase ______________ Fecha ___________

Hoja de destrezas

Lectura dirigida A

Sección: Datación absoluta

Escribe la letra de la respuesta correcta en el espacio en blanco.

______ **1.** ¿Para qué sirve el método de datación absoluta?
- **a.** para determinar la edad de un suceso u objeto en segundos
- **b.** para determinar la edad de un suceso u objeto en horas
- **c.** para determinar la edad de un suceso u objeto en años
- **d.** para determinar la edad de un suceso u objeto en minutos

DESINTEGRACIÓN RADIACTIVA

______ **2.** ¿Cómo se llaman los átomos del mismo elemento que tienen la misma cantidad de protones pero diferente cantidad de neutrones?
- **a.** isótopos
- **b.** radiométricos
- **c.** estables
- **d.** absolutos

______ **3.** ¿Cuál de las siguientes afirmaciones sobre los isótopos inestables NO es verdadera?
- **a.** Cada tipo de isótopo inestable se desintegra a una tasa diferente.
- **b.** Todos los tipos de isótopo se desintegran a la misma tasa.
- **c.** La tasa de desintegración puede determinarse experimentalmente.
- **d.** Para cada tipo de isótopo, la tasa de desintegración es constante.

Datar rocas: isótopos precursores e isótopos hijos

______ **4.** Durante el proceso de desintegración radiactiva, ¿cómo se llama el isótopo radiactivo inestable?
- **a.** isótopo hermana
- **b.** isótopo hermano
- **c.** isótopo hijo
- **d.** isótopo precursor

______ **5.** ¿Qué sucede durante la desintegración radiactiva?
- **a.** Los isótopos hijos estables se dividen en isótopos precursores inestables.
- **b.** Los isótopos precursores estables se dividen en isótopos hijos inestables.
- **c.** Los isótopos precursores inestables se dividen en isótopos hijos estables.
- **d.** Los isótopos hijos inestables se dividen en isótopos precursores estables.

______ **6.** ¿Cuál de las siguientes oraciones sobre la datación de rocas es verdadera?
- **a.** Cuanto menos material hijo tiene un objeto, más viejo es.
- **b.** Cuanto más material precursor tiene un objeto, más viejo es.
- **c.** Cuanto más material hijo tiene un objeto, más joven es.
- **d.** Cuanto más material hijo tiene un objeto, más viejo es.

Datación radiométrica

Escribe en el espacio en blanco la letra del término que corresponde a cada descripción.

______ **7.** la determinación de la edad absoluta de una muestra, basada en la relación entre el material precursor y el material hijo

______ **8.** el tiempo que se requiere para que la mitad de una muestra de un isótopo radiactivo se desintegre

a. vida media
b. datación radiométrica

Las muestras de rocas más útiles

Escribe la letra de la respuesta correcta en el espacio en blanco.

______ **9.** ¿Cuáles son las mejores muestras de roca para la datación radiométrica?
a. las sedimentarias
b. las metamórficas
c. las ígneas
d. Todas son igualmente útiles.

USAR LA DATACIÓN RADIOMÉTRICA

______ **10.** ¿Cuál de las siguientes opciones es verdadera sobre los isótopos con vida media larga?
a. Son útiles para datar rocas más viejas.
b. Son útiles para datar rocas más nuevas.
c. Son útiles para datar rocas más nuevas y más viejas.
d. No son útiles para datar rocas.

Métodos de datación radiométrica

______ **11.** ¿Qué edad tienen las rocas datadas mediante el método del potasio-argón?
a. menos de 50,000 años
b. menos de 100,000 años
c. más de 100,000 años
d. no menos de 10 millones de años

______ **12.** ¿Qué método de datación radiométrica se usaría para datar objetos de más de 10 millones de años?
a. uranio-plomo
b. carbono-14
c. rubidio-estroncio
d. potasio-argón

La edad de nuestro Sistema Solar

______ **13.** ¿Cuál de las siguientes opciones podría usarse para determinar la edad de nuestro Sistema Solar?
a. las rocas ígneas
b. los meteoritos
c. las rocas metamórficas
d. las rocas sedimentarias

Nombre ______________________ Clase ______________ Fecha ____________

Hoja de destrezas

Vocabulario y resumen de la sección A

El estudio de la historia de la Tierra

VOCABULARIO

Define los siguientes términos en tus propias palabras. Usa el espacio en blanco correspondiente.

1. uniformitarianismo

____

____

2. catastrofismo

____

____

3. paleontología

____

____

RESUMEN DE LA SECCIÓN

Lee el siguiente resumen de la sección.

- El uniformitarianismo asume que el cambio geológico es gradual. El catastrofismo se basa en la idea de que el cambio geológico es repentino.
- La geología moderna se basa en la idea que las catástrofes interrumpen el cambio geológico gradual.
- El estudio de la vida en el pasado por medio de fósiles se denomina paleontología.

Nombre ______________________ Clase ______________ Fecha ____________

Hoja de destrezas

Vocabulario y resumen de la sección A

Datación relativa

VOCABULARIO

Define los siguientes términos en tus propias palabras. Usa el espacio en blanco correspondiente.

1. datación relativa

____

____

2. roca sedimentaria

____

____

3. superposición

____

____

4. discordancia

____

____

5. ley de las relaciones entrecortadas

____

____

RESUMEN DE LA SECCIÓN

Lee el siguiente resumen de la sección.

- Los geólogos usan la datación relativa para determinar el orden en que ocurren los sucesos.
- El ciclo de las rocas describe los procesos que forman y reciclan las rocas en la Tierra.
- La roca sedimentaria se forma cuando las capas de sedimento se litifican. Los fósiles se pueden preservar en la roca sedimentaria.
- El principio de la superposición establece que, en secuencias de roca que no han sufrido cambios, las capas de roca sedimentaria más jóvenes se encuentran encima de las más viejas.
- Los plegamientos y las inclinaciones son dos sucesos que alteran las capas de roca. Las fallas y las intrusiones son dos características que atraviesan las capas de roca.
- Las discordancias ocurren cuando las capas de roca se erosionan o cuando no se depositan sedimentos durante largo tiempo.
- La ley de las relaciones entrecortadas establece que las estructuras y las características que atraviesan las capas de roca son más jóvenes que las capas de roca.
- La superposición y las relaciones entrecortadas permiten a los geólogos determinar el orden en que se formaron las capas de roca y las características, pero no la edad en años de las capas de rocas y de las características.

Nombre ______________________ Clase ______________ Fecha ____________

Hoja de destrezas

Vocabulario y resumen de la sección A

Datación absoluta

VOCABULARIO

Define los siguientes términos en tus propias palabras. Usa el espacio en blanco correspondiente.

1. datación absoluta

____

____

2. desintegración radiactiva

____

____

3. datación radiométrica

____

____

4. vida media

____

____

RESUMEN DE LA SECCIÓN

Lee el siguiente resumen de la sección.

- Durante la desintegración radiactiva, un isótopo inestable se desintegra y se convierte en un isótopo estable del mismo elemento o de un elemento distinto.
- La datación radiométrica, basada en la proporción entre material precursor y material hijo, se utiliza para determinar la edad absoluta de una muestra.
- El método de datación radiométrica se elige en base a la edad estimada de la muestra.
- La edad de la Tierra y el Sistema Solar es de aproximadamente 4,600 millones de años.

Nombre ______________________ Clase ______________ Fecha ____________

Hoja de destrezas

Lectura dirigida A

Sección: Observar los fósiles

ORGANISMOS FOSILIZADOS

Escribe la letra de la respuesta correcta en el espacio en blanco.

______ **1.** ¿Cómo se llaman los indicios o restos de un organismo que vivió hace mucho tiempo?
- **a.** sedimento
- **b.** fósil
- **c.** elemento traza
- **d.** roca

Fósiles en las rocas

______ **2.** ¿Qué partes de un organismo quedan preservadas a menudo en la roca sedimentaria?
- **a.** las partes digeridas
- **b.** las partes pegajosas
- **c.** las partes blandas
- **d.** las partes duras

______ **3.** ¿Dónde quedan preservados la mayoría de los fósiles?
- **a.** en el asfalto
- **b.** en el hielo
- **c.** en las rocas sedimentarias
- **d.** en las rocas metamórficas

Fósiles en ámbar

______ **4.** ¿Qué es el ámbar?
- **a.** la savia de árbol endurecida
- **b.** la savia de árbol blanda y pegajosa
- **c.** el hielo de los glaciares
- **d.** la madera reemplazada por minerales

______ **5.** ¿Qué clase de fósiles se encuentran a menudo en el ámbar?
- **a.** insectos
- **b.** peces
- **c.** dinosaurios
- **d.** almejas

Fósiles congelados

______ **6.** ¿Dónde recuperaron los científicos los restos de un mamut lanudo en 1999?
- **a.** en madera petrificada
- **b.** en la tundra congelada
- **c.** en el asfalto
- **d.** en ámbar

______ **7.** ¿Por qué se pueden encontrar muchos fósiles congelados de la última edad de hielo?
- **a.** Porque el hielo retarda la descomposición.
- **b.** Porque el alquitrán retarda la descomposición.
- **c.** Porque la savia de los árboles retarda la descomposición.
- **d.** Porque los minerales duros retardan la descomposición.

Fósiles en asfalto

______ **8.** ¿Cuánto tiempo estuvieron atrapados y conservados los organismos en el depósito de alquitrán de La Brea, en Los Ángeles, California?
- **a.** no más de 500 años
- **b.** no más de 1,000 años
- **c.** por lo menos 38,000 años
- **d.** por lo menos un millón de años

______ **9.** ¿Qué atrapó y conservó a muchas clases de organismos en La Brea?
- **a.** la madera petrificada
- **b.** la savia de árbol pegajosa
- **c.** el alquitrán pegajoso
- **d.** la arena movediza

Petrificación

______ **10.** ¿Cómo se llama el proceso por el cual los minerales reemplazan a los tejidos de un organismo?
- **a.** congelación
- **b.** quemado
- **c.** sedimentación
- **d.** petrificación

______ **11.** ¿Cómo se llama el proceso por el cual los huecos y espacios abiertos de los huesos se llenan de minerales?
- **a.** congelación
- **b.** quemado
- **c.** sedimentación
- **d.** petrificación

______ **12.** ¿En qué proceso los minerales reemplazan COMPLETAMENTE a los tejidos de un organismo?
- **a.** congelación
- **b.** quemado
- **c.** sedimentación
- **d.** petrificación

OTROS TIPOS DE FÓSILES

Fósiles traza

Completa las siguientes oraciones con los términos de la lista.

madriguera	coprolito
fósil traza	huella

13. Cualquier prueba fosilizada de actividad animal se llama ______________________.

14. Un fósil traza que revela el tamaño y la velocidad de movimiento de un animal se llama ______________________.

15. El fósil traza de un refugio hecho por un animal se llama ______________________.

16. Un fósil traza de estiércol animal conservado se llama ______________________.

MOLDES Y CONTRAMOLDES

Escribe en el espacio en blanco la letra del término que corresponde a cada descripción.

_______ **17.** la impresión que queda en una roca donde quedó enterrado una planta o un animal

_______ **18.** un objeto que se crea cuando los sedimentos llenan un molde y se transforman en roca

a. contramolde
b. molde

INTERPRETAR EL PASADO POR MEDIO DE LOS FÓSILES

La información del registro fósil

Escribe la letra de la respuesta correcta en el espacio en blanco.

_______ **19.** ¿Sobre qué clase de organismos antiguos saben más los científicos?
- **a.** sobre los organismos de cuerpo blando
- **b.** sobre los organismos de cuerpo duro
- **c.** sobre los organismos que fueron comidos
- **d.** sobre los organismos que se quemaron

_______ **20.** ¿Por qué el registro fósil nos ofrece sólo un esquema parcial de la historia de la vida en la Tierra?
- **a.** Porque el registro fósil está incompleto.
- **b.** Porque todos los fósiles fueron descubiertos.
- **c.** Porque todos los ambientes son buenos para los fósiles.
- **d.** Porque nunca volverán a crearse fósiles.

Historia de los cambios ambientales

______ **21.** ¿Dónde se formaron los fósiles marinos hallados en las montañas?

a. en un bosque
b. en un desierto
c. en el fondo de un océano
d. en el asfalto

______ **22.** ¿Qué se puede descubrir acerca del clima en la Antártida a partir de los fósiles de organismos de agua dulce?

a. El clima en la Antártida debe haber sido más cálido en el pasado.
b. El clima en la Antártida debe haber sido más frío en el pasado.
c. La Antártida debe haber sido desértica.
d. La Antártida debe haber sido montañosa.

Historia de los organismos cambiantes

______ **23.** ¿Qué pueden descubrir los científicos al buscar semejanzas entre los fósiles y los organismos vivos?

a. que la vida nunca ha cambiado
b. que todas las formas de vida son parecidas
c. que la vida ha cambiado con el paso del tiempo
d. que continuamente se registran cambios en la vida

DATACIÓN DEL REGISTRO FÓSIL

______ **24.** ¿Qué capas de roca contienen fósiles de las formas de vida más antiguas?

a. las capas relativas
b. las capas radiactivas
c. las capas jóvenes
d. las capas antiguas

Datación de rocas mediante fósiles

______ **25.** ¿Qué tipos de fósiles aparecen en determinadas capas de roca en todo el mundo?

a. los fósiles de contenido
b. los fósiles guía
c. los fósiles de dinosaurios
d. los fósiles no identificados

Trilobites como fósiles guía

______ **26.** ¿Qué antigüedad tienen las capas de roca donde se hallaron los fósiles de *Phacops?*

a. aproximadamente 100 millones de años
b. menos de 200 millones de años
c. casi 300 millones de años
d. aproximadamente 400 millones de años

Ammonites como fósiles guía

______ **27.** ¿Cuándo se formaron las capas de roca donde se encuentran los fósiles de *Tropites?*

a. entre 10,000 y 5,000 años atrás
b. entre 1 millón y 500,000 años atrás
c. entre 230 y 208 millones de años atrás
d. 1,000 millones de años atrás

Nombre ______________________________ Clase _______________ Fecha ____________

Hoja de destrezas

Lectura dirigida A

Sección: Los continentes cambiantes de la Tierra

TECTÓNICA DE PLACAS

Escribe la letra de la respuesta correcta en el espacio en blanco.

_______ **1.** ¿Qué teoría explica cómo se mueven y cambian de forma las placas tectónicas de la Tierra?
- **a.** la teoría del límite de las placas
- **b.** la teoría de la escala del tiempo geológico
- **c.** la teoría de la deriva continental
- **d.** la teoría de la tectónica de placas

_______ **2.** ¿Qué pasa cuando el manto de la Tierra se expande bajo el fondo de las placas tectónicas?
- **a.** Las placas se mueven.
- **b.** Las placas giran.
- **c.** Las placas se hunden.
- **d.** Las placas se elevan.

_______ **3.** ¿A qué velocidad se mueven las placas tectónicas de la Tierra?
- **a.** entre 2 y 5 km por año
- **b.** entre 2 y 5 m por año
- **c.** entre 2 y 5 cm por año
- **d.** entre 1 y 5 mm por año

Escribe en el espacio en blanco la letra del término que corresponde a cada descripción.

_______ **4.** la "piel" delgada y fría de la Tierra

_______ **5.** bloques más pequeños de litosfera

_______ **6.** capa gruesa de roca maciza donde se apoyan las placas tectónicas

- **a.** placas tectónicas
- **b.** litosfera
- **c.** manto

Donde las placas tectónicas se encuentran

Escribe la letra de la respuesta correcta en el espacio en blanco.

_______ **7.** ¿Dónde se encuentran dos o más placas tectónicas?
- **a.** en las barreras de las placas
- **b.** en los choques de las placas
- **c.** en los límites de las placas
- **d.** en los bloqueos de las placas

Límites convergentes

______ **8.** ¿Dónde se van acercando las placas tectónicas?
a. en los límites convergentes
b. en los límites divergentes
c. en los límites de transformación
d. en los límites del manto

______ **9.** ¿Qué se forma si las placas de litosfera continental se aprietan entre sí?
a. cinturones montañosos
b. una línea de volcanes
c. un nuevo mar
d. terremotos

______ **10.** ¿Qué puede formarse si la litosfera oceánica se hunde en un límite convergente?
a. cinturones montañosos
b. una línea de volcanes
c. un nuevo mar
d. terremotos

Límites divergentes

______ **11.** ¿Dónde se van alejando entre sí las placas tectónicas?
a. en los límites convergentes
b. en los límites divergentes
c. en los límites de transformación
d. en los límites del manto

______ **12.** ¿Cómo se llaman las grietas gigantes en la litosfera?
a. volcanes
b. fisuras
c. fallas
d. rifts

______ **13.** ¿Qué se forma cuando un rift divide un continente y luego se ensancha durante millones de años?
a. cinturones montañosos
b. una línea de volcanes
c. un nuevo mar
d. terremotos

Límites de transformación

______ **14.** ¿Dónde se deslizan horizontalmente unas junto a otras las placas tectónicas?
a. en los límites convergentes
b. en los límites divergentes
c. en los límites de transformación
d. en los límites del manto

______ **15.** ¿Qué puede generarse por el movimiento de las placas tectónicas en los límites de transformación?
a. cinturones montañosos
b. una línea de volcanes
c. un nuevo mar
d. terremotos

______ **16.** ¿Cuál es un límite de transformación muy conocido de California?
a. el Anillo de Fuego
b. el puente terrestre de Panamá
c. la falla de Nuevo Madrid
d. la falla de San Andrés

DERIVA CONTINENTAL

______ **17.** ¿Qué término describe cómo se han movido los continentes a lo largo de la historia de la Tierra?
a. movimientos de la litosfera
b. cambio del manto
c. deriva continental
d. deriva oceánica

______ **18.** ¿Qué hace un continente a medida que se mueve por la superficie de la Tierra?
a. Forma un canal.
b. Provoca oleaje.
c. Gana velocidad.
d. Lleva rocas y fósiles.

Pruebas geológicas de la deriva continental

______ **19.** ¿Qué pruebas se encontraron de que alguna vez la India estuvo cubierta de hielo?
a. rocas rayadas por el hielo
b. bosques antiguos
c. restos de osos polares
d. trineos fosilizados

______ **20.** ¿Qué formaban la India, América del Sur y África hace aproximadamente 280 millones de años?
a. una sola masa de tierra
b. un par de masas de tierra
c. un solo océano
d. un asteroide

Pruebas fósiles de la deriva continental

_______ **21.** ¿Cuándo vivió aproximadamente el *Mesosaurus?*
- **a.** hace 2,700 años
- **b.** hace 27,000 años
- **c.** hace 270,000 años
- **d.** hace 270 millones de años

_______ **22.** ¿Qué nos indican los fósiles del *Mesosaurus* acerca de América del Sur y el suroeste de África?
- **a.** que siempre estuvieron separados
- **b.** que alguna vez estuvieron unidos
- **c.** que se están acercando
- **d.** que tienen el mismo clima

HISTORIA DE LA DERIVA CONTINENTAL

_______ **23.** ¿Cuándo formaban todos los continentes un supercontinente que los científicos llaman Pangea?
- **a.** hace aproximadamente 65 millones de años
- **b.** hace aproximadamente 135 millones de años
- **c.** hace aproximadamente 245 millones de años
- **d.** hace aproximadamente 1,000 millones de años

_______ **24.** ¿Qué suceso demuestra que las placas tectónicas se separaron y se desplazaron?
- **a.** Las rocas y los fósiles se movieron.
- **b.** Todos los seres vivos murieron.
- **c.** Se derritió todo el hielo de la Tierra.
- **d.** Los seres vivos detuvieron su evolución.

Cambios del clima

_______ **25.** ¿Qué pasó con el clima de los continentes a medida que se movieron hacia el ecuador?
- **a.** Se volvieron más calurosos.
- **b.** Se volvieron más fríos.
- **c.** Se volvieron más secos.
- **d.** No cambiaron.

_______ **26.** ¿Qué ocurrió con la Antártida cuando los otros continentes se alejaron?
- **a.** Se derritió el casquete polar.
- **b.** Se formó un casquete polar.
- **c.** Los volcanes entraron en erupción.
- **d.** Se formaron cinturones montañosos.

Cambios en la vida

_______ **27.** ¿Qué pasó con los seres vivos cuando se dividió Pangea?
- **a.** Vivieron en un solo continente.
- **b.** Desaparecieron de todos los continentes.
- **c.** Se trasladaron a continentes diferentes.
- **d.** Se congelaron en todos los continentes.

_______ **28.** ¿Qué pasó con los seres vivos cuando cambió el medio ambiente de los continentes?
- **a.** Desaparecieron.
- **b.** Se trasladaron al mar.
- **c.** No cambiaron.
- **d.** Cambiaron.

ESTUDIO: EL PUENTE TERRESTRE DE PANAMÁ

_______ **29.** ¿Qué unía a América del Norte y América del Sur hace unos 3 millones de años?
- **a.** el puente terrestre de Panamá
- **b.** el canal de Panamá
- **c.** el golfo de México
- **d.** el puente terrestre de Pangea

Cambios en la vida

_______ **30.** ¿Cuáles son algunos de los animales que migraron a América del Norte a través del puente terrestre de Panamá?
- **a.** los camellos y los gatos
- **b.** los elefantes y los tigres
- **c.** las almejas y los corales
- **d.** las zarigüeyas y los armadillos

Cambios en el clima

_______ **31.** ¿Qué cambio produjo la corriente del Golfo en el clima de Europa Occidental luego de la formación del puente terrestre de Panamá?
- **a.** Lo volvió muy caluroso.
- **b.** Lo volvió muy frío.
- **c.** Lo volvió más benigno.
- **d.** Lo volvió extremo.

Nombre ______________________________ Clase ________________ Fecha ____________

Hoja de destrezas

Lectura dirigida A

Sección: El tiempo sigue su curso

LA ESCALA DE TIEMPO GEOLÓGICO

Escribe la letra de la respuesta correcta en el espacio en blanco.

_______ **1.** ¿Qué se usa para dividir la historia de la Tierra en intervalos de tiempo más cortos?
- **a.** la escala de tiempo geológico
- **b.** la escala de tiempo geográfico
- **c.** la escala de tiempo prehistórico
- **d.** la escala de tiempo arqueológico

Divisiones del tiempo

_______ **2.** ¿Cuál es la división más grande de la escala de tiempo geológico de la Tierra?
- **a.** el eón
- **b.** la era
- **c.** el período
- **d.** la época

_______ **3.** ¿Cuál es la segunda división más grande en la escala de tiempo geológico?
- **a.** el eón
- **b.** la era
- **c.** el período
- **d.** la época

_______ **4.** ¿Cómo se dividen los períodos en la escala de tiempo geológico?
- **a.** en eones
- **b.** en eras
- **c.** en épocas
- **d.** en milenios

_______ **5.** ¿Qué puede indicar la aparición o desaparición de un número significativo de especies?
- **a.** un cambio climático
- **b.** la velocidad de extinción de las especies
- **c.** el fin de una era geológica y el comienzo de otra
- **d.** la velocidad de aparición de las especies

La aparición y desaparición de los organismos

_______ **6.** ¿Qué es la muerte de todos los miembros de una especie?
- **a.** peligro de extinción
- **b.** combinación
- **c.** extinción
- **d.** florecimiento

_______ **7.** ¿Qué suceso gradual puede causar una extinción masiva?
a. el impacto de un asteroide
b. un cambio de clima
c. la erupción de un volcán
d. un tsunami

_______ **8.** ¿Qué suceso catastrófico puede causar una extinción masiva?
a. el impacto de un asteroide
b. un tornado
c. un huracán
d. un incendio forestal

PERÍODO PRECÁMBRICO: LA VIDA SE DESARROLLA

_______ **9.** ¿Cuándo comenzó la vida en la Tierra?
a. hace 1,800 millones de años
b. hace 2,700 millones de años
c. hace 3,600 millones de años
d. hace 4,500 millones de años

Vida y oxígeno

_______ **10.** ¿Qué liberaron las cianobacterias en la atmósfera?
a. gas oxígeno
b. radiación
c. campos magnéticos
d. rayos ultravioleta

_______ **11.** ¿De qué manera colaboró el ozono con la supervivencia de la vida en la Tierra?
a. aumentó la radiación
b. redujo la radiación
c. aumentó el oxígeno
d. redujo el oxígeno

Organismos más complejos

_______ **12.** ¿En qué se diferencian las células de los eucariotes de las células de los procariotes?
a. Son más grandes.
b. Son más pequeñas.
c. Tienen núcleo.
d. No tienen núcleo.

ERA PALEOZOICA

_______ **13.** ¿Cuándo tuvo lugar la era Paleozoica?
a. entre 4,600 y 542 millones de años atrás
b. entre 542 y 251 millones de años atrás
c. entre 251 y 65 millones de años atrás
d. desde hace 65 millones de años hasta ahora

La explosión cámbrica

_______ **14.** ¿Qué forma de vida floreció al comienzo de la era Paleozoica?
a. los mamíferos
b. los reptiles
c. la vida marina
d. las aves

_______ **15.** ¿Cuándo aparecieron por primera vez formas de vida con conchas y exoesqueletos?
a. durante la explosión cámbrica
b. durante la extinción cámbrica
c. durante la extinción pérmica
d. durante la explosión pérmica

La vida en la tierra

_______ **16.** Según indican los fósiles, ¿cuáles fueron los primeros animales terrestres?
a. los dinosaurios
b. los artrópodos
c. los peces
d. los seres humanos

_______ **17.** ¿En qué era aparecieron los principales grupos de plantas, a excepción de las plantas con flores?
a. en la era Arcaica
b. en la era Cenozoica
c. en la era Mesozoica
d. en la era Paleozoica

La extinción pérmica

_______ **18.** ¿Cuál fue la extinción masiva más grande de la Tierra?
a. la extinción terciaria
b. la extinción cretácea
c. la extinción pérmica
d. la extinción cámbrica

______ **19.** ¿Qué porcentaje de las especies marinas se extinguieron durante la extinción pérmica?
a. 90%
b. 78%
c. 50%
d. 30%

______ **20.** ¿Qué porcentaje de las especies terrestres se extinguieron durante la extinción pérmica?
a. 90%
b. 78%
c. 50%
d. 30%

ERA MESOZOICA

______ **21.** ¿Qué animales sobrevivieron al período Pérmico y llegaron a la era Mesozoica?
a. las bacterias
b. los hongos
c. los reptiles
d. los mamíferos

La vida en la era Mesozoica

______ **22.** ¿Cuáles son los reptiles más conocidos de la era Mesozoica?
a. las salamandras
b. los gusanos
c. las aves
d. los dinosaurios

______ **23.** ¿Qué plantas formaron grandes bosques en la era Mesozoica?
a. las coníferas
b. los helechos
c. el pasto
d. las flores

La extinción cretáceo-terciaria

______ **24.** ¿Qué organismos desaparecieron durante la extinción cretáceo-terciaria?
a. todos los dinosaurios
b. todos los animales
c. todas las plantas
d. todos los peces

_______ **25.** ¿Por qué creen los científicos que se produjo la extinción cretáceo-terciaria?
- **a.** por la radiación ultravioleta del Sol
- **b.** por el impacto de un objeto proveniente de nuestro Sistema Solar
- **c.** por la competencia de depredadores nuevos
- **d.** por la destrucción del hábitat debido a una gran inundación

_______ **26.** ¿Cuál es la prueba fósil que indica la extinción cretáceo-terciaria?
- **a.** Los fósiles desaparecieron del registro fósil.
- **b.** Los fósiles aparecieron en el registro fósil.
- **c.** Los fósiles del período Cretáceo y del período Terciario son los mismos.
- **d.** Quedó un solo fósil en el registro fósil.

ERA CENOZOICA

_______ **27.** ¿Cuándo comenzó la era Cenozoica?
- **a.** hace 50,000 años
- **b.** hace 1 millón de años
- **c.** hace 40 millones de años
- **d.** hace 65 millones de años

_______ **28.** ¿Cuándo terminó la era Cenozoica?
- **a.** hace 50,000 años
- **b.** hace 1 millón de años
- **c.** hace 40 millones de años
- **d.** La era Cenozoica no ha terminado.

_______ **29.** ¿Por qué los científicos tienen más información acerca de la era Cenozoica que acerca de cualquier otra era anterior?
- **a.** porque los fósiles cenozoicos son fáciles de encontrar
- **b.** porque los fósiles cenozoicos son difíciles de encontrar
- **c.** porque los fósiles cenozoicos no se han formado
- **d.** porque los seres humanos primitivos dejaron pinturas

La Edad de los Mamíferos

_______ **30.** ¿Cómo se conoce a veces la era Cenozoica?
- **a.** la Edad del Descubrimiento
- **b.** la Edad de los Reptiles
- **c.** la Edad de los Mamíferos
- **d.** la Edad de los Anfibios

Lectura dirigida A *(continuación)*

_______ **31.** ¿Cuándo aparecieron por primera vez los seres humanos?
- **a.** a comienzos de la era Cenozoica
- **b.** a finales de la era Cenozoica
- **c.** a comienzos de la era Mesozoica
- **d.** a finales de la era Mesozoica

La era Cenozoica en la actualidad

_______ **32.** ¿En qué momento de la era Cenozoica se desplazaron láminas de hielo desde los polos?
- **a.** en las edades polares
- **b.** en las edades glaciares
- **c.** en las edades de hielo
- **d.** en la Edad de los Reptiles

_______ **33.** ¿Cómo sobrevivieron muchos animales durante las edades de hielo?
- **a.** Emigraron hacia el ecuador.
- **b.** Emigraron hacia los polos.
- **c.** Hibernaron durante las edades de hielo.
- **d.** Aprendieron a vivir bajo el agua.

Nombre ______________________ Clase ______________ Fecha __________

Hoja de destrezas

Vocabulario y resumen de la sección A

Observar los fósiles

VOCABULARIO

Define los siguientes términos en tus propias palabras. Usa el espacio en blanco correspondiente.

1. fósil

____

____

2. fósil traza

____

____

3. fósil guía

____

____

RESUMEN DE LA SECCIÓN

Lee el siguiente resumen de la sección.

- Los fósiles son los indicios o restos de un organismo que vivió hace mucho tiempo.
- Los fósiles pueden conservarse en roca sedimentaria, ámbar, asfalto o hielo y también por petrificación.
- Un fósil traza es una prueba de actividad animal conservada en forma natural. Las huellas, las madrigueras y los coprolitos son ejemplos de fósiles traza.
- Los científicos estudian los fósiles para saber cómo se modificaron el ambiente y los organismos con el paso del tiempo.
- Un fósil guía es un fósil que se puede utilizar para determinar la edad de las capas de roca.

Nombre ______________________ Clase ______________ Fecha ______________

Hoja de destrezas

Vocabulario y resumen de la sección A

Los continentes cambiantes de la Tierra

VOCABULARIO

Define los siguientes términos en tus propias palabras. Usa el espacio en blanco correspondiente.

1. tectónica de placas

____

____

2. deriva continental

____

____

RESUMEN DE LA SECCIÓN

Lee el siguiente resumen de la sección.

- Las placas tectónicas de la Tierra flotan a la deriva, mueven continentes y cambian los océanos.
- Las rocas y los fósiles demuestran de qué manera flotaron a la deriva los continentes de la Tierra y cómo cambió el clima y la vida debido a la deriva continental.
- La división de Pangea hace aproximadamente 245 millones de años dividió a la parte terrestre de la Tierra en continentes separados.
- El movimiento de los continentes altera los climas al cambiar los patrones de las corrientes de aire y de las corrientes oceánicas.
- La formación del puente terrestre de Panamá es un ejemplo de cómo el movimiento de las placas tectónicas afecta la distribución de los organismos en la Tierra.

Nombre ______________________ Clase ______________ Fecha __________

Hoja de destrezas

Vocabulario y resumen de la sección A

El tiempo sigue su curso

VOCABULARIO

Define los siguientes términos en tus propias palabras. Usa el espacio en blanco correspondiente.

1. escala de tiempo geológico

____

____

2. extinción

____

____

RESUMEN DE LA SECCIÓN

Lee el siguiente resumen de la sección.

- La escala de tiempo geológico divide los 4,600 millones de años de historia de la Tierra en intervalos de tiempo. Estos intervalos incluyen los eones, las eras, los períodos y las épocas.
- En determinados momentos de la historia de la Tierra, el número de los diferentes tipos de organismos aumentó o disminuyó de manera drástica.
- La vida en la Tierra se desarrolló hace más de 3,600 millones de años, durante el período Precámbrico. Después de que las cianobacterias añadieron oxígeno a la atmósfera, evolucionaron formas de vida más complejas.
- Una variedad de organismos marinos aparecieron a comienzos de la era Paleozoica en lo que se llamó la explosión cámbrica. Cerca del fin de la era Paleozoica, la extinción pérmica causó la desaparición de muchos organismos del registro fósil.
- Los dinosaurios dominaron la Tierra durante la era Mesozoica. Todos se extinguieron durante la extinción cretáceo-terciaria.
- Los mamíferos han dominado la era Cenozoica. Los seres humanos modernos aparecieron durante esta era.

Nombre ______________________________ Clase ______________ Fecha ____________

Hoja de destrezas

Lectura dirigida A

Sección: Cambio a través del tiempo

DIFERENCIAS ENTRE ORGANISMOS

Escribe en el espacio en blanco la letra del término que corresponde a cada descripción.

______	**1.** una característica que le permite a un organismo sobrevivir	**a.** especie
		b. adaptación
______	**2.** Un grupo de organismos que pueden cruzarse para producir descendencia fértil	**c.** población
______	**3.** grupos de individuos de la misma especie que habitan un mismo lugar	

¿Las especies cambian a lo largo del tiempo?

Escribe la letra de la respuesta correcta en el espacio en blanco.

______ **4.** ¿Cuántas especies diferentes existen?
- **a.** docenas
- **b.** centenares
- **c.** miles
- **d.** millones

______ **5.** ¿Por qué han desaparecido de la Tierra muchas especies?
- **a.** porque se convirtieron en fósiles
- **b.** porque se extinguieron
- **c.** porque se adaptaron
- **d.** porque se convirtieron en poblaciones

______ **6.** ¿Qué creen los científicos que pasa cuando las poblaciones cambian a través del tiempo?
- **a.** Las especies no cambian.
- **b.** Se forman nuevas especies.
- **c.** Los fósiles se extinguen.
- **d.** Se detiene la evolución.

______ **7.** ¿Cómo se llama el proceso mediante el cual las poblaciones cambian lentamente a través del tiempo?
- **a.** evolución
- **b.** sobrepoblación
- **c.** reproducción
- **d.** organización

PRUEBA DE LOS CAMBIOS A TRAVÉS DEL TIEMPO

______ **8.** ¿Donde están enterradas las pruebas de que los organismos han cambiado a través del tiempo?
- **a.** en la atmósfera terrestre
- **b.** en las arenas arrastradas por los vientos de los desiertos
- **c.** en la roca sedimentaria dentro de la corteza terrestre
- **d.** en la lluvia

Fósiles

______ **9.** ¿Qué son los fósiles?
- **a.** los indicios o restos de los organismos que vivieron hace mucho tiempo
- **b.** adaptaciones de organismos que alguna vez estuvieron vivos
- **c.** capas de la Tierra
- **d.** rocas antiguas

El registro fósil

______ **10.** ¿Qué facilita la formación de fósiles?
- **a.** la tierra
- **b.** el aire
- **c.** el agua
- **d.** los sedimentos

______ **11.** ¿Qué es el registro fósil?
- **a.** las rocas que cubren los fósiles
- **b.** un libro sobre los fósiles
- **c.** una cronología de la vida
- **d.** los minerales que forman a los fósiles

______ **12.** ¿Cómo organizan los fósiles los científicos?
- **a.** por tamaño y peso
- **b.** por antigüedad y similitud física
- **c.** por tipo de roca y color
- **d.** por altura y longitud

______ **13.** ¿Qué sabemos sobre los fósiles que se encuentran en las capas más recientes de la Tierra?
- **a.** Son los fósiles más antiguos.
- **b.** Tienen un parentesco cercano con los organismos actuales.
- **c.** Son huellas.
- **d.** Todavía no son realmente fósiles.

PRUEBAS DE ASCENDENCIA

_______ **14.** ¿De quién creen los científicos que descienden todas las especies vivas?
- **a.** de árboles en flor
- **b.** de caracteres compartidos
- **c.** de ancestros comunes
- **d.** de fósiles recientes

_______ **15.** ¿Qué heredan todos los organismos vivos de sus ancestros?
- **a.** caracteres
- **b.** evolución
- **c.** fósiles
- **d.** descendencia

Hacer conexiones

_______ **16.** ¿Cómo ilustran los científicos sus hipótesis sobre las relaciones que existen entre las especies?
- **a.** con un diagrama ramificado
- **b.** con un diagrama con círculos
- **c.** con una cronología horizontal
- **d.** con una gráfica de barras

_______ **17.** ¿Qué representa cada rama del diagrama?
- **a.** un grupo que desciende de una especie más reciente
- **b.** un grupo de rocas de la corteza terrestre
- **c.** un grupo que desciende de una especie más antigua
- **d.** un grupo de fósiles

Escribe en el espacio en blanco la letra del término que corresponde a cada descripción.

_______ **18.** algo que indica el orden en el cual vivieron las distintas especies

_______ **19.** un modelo que ilustra todas las especies vegetales y animales conocidas

a. el registro fósil

b. árbol de la vida

EXAMINAR ORGANISMOS

Estudio de caso: la evolución de la ballena

Completa las siguientes oraciones con los términos de la lista.

agua	tierra	mamíferos
ancestros	extremidades	

20. El examen detallado de un organismo puede brindar pistas acerca de sus

______________________.

21. Las ballenas son ______________________, no peces.

22. El ancestro de la ballena fue un mamífero que vivía en el/la ______________________.

23. Las ballenas tuvieron otro ancestro que vivía tanto en tierra firme como en el/la

______________________.

24. Aunque las ballenas actuales no tienen ______________________ traseras, sí tienen pequeños huesos de la cadera dentro del cuerpo.

COMPARAR ORGANISMOS

Escribe la letra de la respuesta correcta en el espacio en blanco.

______ **25.** ¿Cómo se llama el estudio de las similitudes y diferencias físicas entre los seres vivos?

a. educación física
b. anatomía comparada
c. biología molecular
d. química orgánica

______ **26.** ¿Cuál es el estudio de las moléculas de los seres vivos?

a. la ciencia atómica
b. la anatomía comparada
c. la biología molecular
d. la química de los fósiles

Comparar la anatomía

______ **27.** ¿Qué descubren los científicos cuando estudian la estructura de diferentes organismos?

a. Los organismos relacionados comparten muchos caracteres.
b. Los organismos relacionados no comparten caracteres.
c. Los organismos relacionados comparten todos sus caracteres.
d. Los organismos no relacionados no tienen caracteres.

Lectura dirigida A *(continuación)*

_______ **28.** ¿En qué se parece tu brazo al ala de un murciélago?
a. Tu brazo tiene huesos similares.
b. Tu brazo se usa de la misma manera.
c. Tu brazo tiene músculos similares.
d. Tu brazo tiene el mismo aspecto.

_______ **29.** ¿Por qué tu brazo tiene casi la misma cantidad de huesos que la aleta de un delfín?
a. porque los delfines evolucionaron a partir de los seres humanos
b. porque los delfines y los seres humanos tienen un ancestro común
c. porque los seres humanos evolucionaron a partir de los delfines
d. porque las aletas equivalen a las manos

Comparar el ADN

_______ **30.** ¿Qué determina los caracteres de un organismo?
a. sus restos fósiles
b. estructuras similares
c. moléculas similares
d. la información genética almacenada en su ADN

_______ **31.** ¿Qué significa la existencia de muchas similitudes en el ADN de dos especies?
a. Las dos especies compartieron recientemente a un ancestro común.
b. Las dos especies no están estrechamente relacionadas.
c. Las dos especies tienen exactamente el mismo aspecto.
d. Las dos especies tienen extremidades.

Nombre ______________________________ Clase ______________ Fecha ____________

Hoja de destrezas

Lectura dirigida A

Sección: ¿Cómo ocurre la evolución?

Escribe la letra de la respuesta correcta en el espacio en blanco.

______ **1.** ¿De qué comenzaron a darse cuenta los científicos en el siglo XIX?
- **a.** La Tierra era mucho más grande de lo que se creía.
- **b.** La Tierra era mucho más caliente de lo que se creía.
- **c.** La Tierra era mucho más joven de lo que se creía.
- **d.** La Tierra era mucho más antigua de lo que se creía.

CHARLES DARWIN

______ **2.** ¿Qué hizo Darwin para aprender sobre las plantas y los animales?
- **a.** Hizo un viaje alrededor del mundo.
- **b.** Consultó Internet.
- **c.** Inventó teorías.
- **d.** Compró animales.

El viaje de Darwin

______ **3.** ¿Qué hizo Darwin durante sus viajes?
- **a.** Escribió un libro sobre su teoría.
- **b.** Observó las plantas y los animales.
- **c.** Tomó fotografías de plantas y animales.
- **d.** Visitó todos los continentes.

Los pinzones de Darwin

______ **4.** ¿A las plantas y animales de qué lugar se parecían las plantas y los animales de las islas Galápagos?
- **a.** Inglaterra
- **b.** Ecuador
- **c.** Australia
- **d.** Sudáfrica

______ **5.** ¿Qué descubrió Darwin sobre los pinzones?
- **a.** Los pinzones tenían hambre.
- **b.** Los pinzones estaban en las islas equivocadas.
- **c.** Los pinzones tenían distintos picos.
- **d.** Algunos pinzones no podían volar.

_____ **6.** ¿Qué podían hacer los pinzones gracias a los distintos tipos de picos?
a. encontrar distintas parejas
b. comer distintos tipos de alimentos
c. volar más lejos
d. construir nidos más grandes

EL RAZONAMIENTO DE DARWIN

_____ **7.** ¿Cuál fue la conclusión de Darwin sobre los pinzones?
a. Los pinzones tenían picos inadecuados para las islas.
b. Los pinzones no sobrevivirían en las islas.
c. Los pinzones habían desarrollado adaptaciones para los distintos ambientes de las islas.
d. Los pinzones no se habían adaptado a diferentes estilos de vida.

Ideas sobre la reproducción

_____ **8.** ¿Para qué podría usarse la reproducción selectiva en los caballos?
a. para demostrar la selección natural
b. para demorar la evolución
c. para obtener caballos más veloces o más grandes
d. para obtener caballos más lentos

_____ **9.** ¿Para qué podría usarse la reproducción selectiva en los árboles frutales?
a. para demostrar la selección natural
b. para demorar la evolución
c. para hacer que la fruta tenga sabor desagradable
d. para obtener frutos más grandes

Escribe en el espacio en blanco la letra del término que corresponde a cada definición.

_____ **10.** una forma de una característica heredada

_____ **11.** proceso de reproducción de plantas y animales que tienen caracteres deseados

a. reproducción selectiva
b. carácter

Ideas sobre la población

Completa las siguientes oraciones con los términos de la lista.

limitadas	heredan
poblaciones	reproducirse

12. Thomas Malthus advirtió que las ______________________ pueden aumentar más rápidamente que el suministro de alimentos.

13. Darwin comprendió que las poblaciones de todas las especies están ______________________ por la hambruna, las enfermedades y otros factores.

14. Sólo una cantidad limitada de individuos logra sobrevivir y ______________________.

15. Darwin pensó que los sobrevivientes de una especie ______________________ caracteres que los ayudan a sobrevivir.

Ideas sobre la historia de la Tierra

Completa las siguientes oraciones con los términos de la lista.

tiempo	Tierra

16. Darwin leyó un libro que demostraba que el/la ______________________ se había formado a través de un largo período.

17. Después de leer el libro, Darwin pensó que habría ______________________ suficiente para que los organismos cambiaran gradualmente.

TEORÍA DE LA SELECCIÓN NATURAL DE DARWIN

Escribe la letra de la respuesta correcta en el espacio en blanco.

_______ **18.** ¿Para cuál de las siguientes opciones sirve el mecanismo de la selección natural?

- **a.** la reproducción selectiva
- **b.** la herencia
- **c.** la limitación
- **d.** la evolución

_______ **19.** ¿Mediante qué proceso sobreviven y se reproducen los organismos mejor adaptados?

- **a.** limitación
- **b.** población
- **c.** selección natural
- **d.** evolución

Escribe en el espacio en blanco la letra de la etapa de la selección natural que corresponde a cada descripción.

_______ **20.** cuando los animales tienen demasiada descendencia

_______ **21.** cuando no hay dos descendientes exactamente iguales

_______ **22.** cuando muchos descendientes mueren antes de poder reproducirse

_______ **23.** cuando los descendientes mejor adaptados sobreviven y se reproducen

a. reproducción satisfactoria
b. variación heredada
c. lucha por la supervivencia
d. sobreproducción

La genética y la evolución

Escribe la letra de la respuesta correcta en el espacio en blanco.

_______ **24.** ¿Cuál de las siguientes opciones es el resultado de la transmisión de información genética de padres a hijos?
a. reproducción selectiva
b. adaptación
c. limitación de sobrevivientes
d. variación entre organismos

_______ **25.** Cuando los organismos con genes que los ayudan a sobrevivir se reproducen en mayor cantidad que los organismos que no tienen de esos genes, ¿cuál de las siguientes opciones se produce?
a. limitación
b. población
c. selección
d. información genética

Nombre ______________________________ Clase ______________ Fecha __________

Hoja de destrezas

Lectura dirigida A

Sección: La selección natural en acción

Escribe la letra de la respuesta correcta en el espacio en blanco.

______ **1.** ¿Cuál de las siguientes opciones explica cómo puede cambiar una población en respuesta a su ambiente?
a. el registro fósil
b. la teoría de la relatividad
c. la evolución por selección natural
d. la reproducción selectiva

CAMBIOS EN LAS POBLACIONES

______ **2.** ¿Cuál de las siguientes opciones determina los caracteres favorables y desfavorables de una población?
a. factores ambientales
b. factores de separación
c. experimentos científicos
d. registros fósiles

Variación genética

Completa las siguientes oraciones con los términos de la lista.

alelos	variación genética
ambiente	caracteres

3. El/La ________________________ es una medida del grado de diferencias genéticas entre los individuos de una misma población.

4. Dentro de una población con un alto grado de variación genética, los miembros tienen diferentes ________________________, es decir, distintas formas de los genes.

5. Si sus alelos son diferentes, la población tiene más variedad de ________________________.

6. Las poblaciones con variación genética baja tienen menos probabilidades de adaptarse a los cambios de su ________________________.

Factores ambientales

Escribe la letra de la respuesta correcta en el espacio en blanco.

______ **7.** ¿Cuál de las siguientes opciones representa las condiciones de un lugar que afectan a los organismos que viven en él?
- **a.** factores sociales
- **b.** factores genéticos
- **c.** factores ambientales
- **d.** factores reproductivos

______ **8.** ¿Cuál de las siguientes opciones NO es un tipo de factor ambiental?
- **a.** agua
- **b.** fuentes de alimentos
- **c.** depredadores
- **d.** genes

______ **9.** ¿Cuál de los siguientes factores ambientales tiene más probabilidades de ayudar a una serpiente verde a sobrevivir?
- **a.** rocas chatas y grises
- **b.** pasto alto y verde
- **c.** hojas muertas en el suelo de un bosque
- **d.** cielo nublado

FORMAR UNA NUEVA ESPECIE

Completa las siguientes oraciones con los términos de la lista.

especiación especie adaptaciones

10. Después de que un grupo se separa de su población original, se puede formar una nueva ______________________.

11. Con el paso del tiempo, las poblaciones separadas pueden desarrollar diferentes ______________________.

12. La formación de una nueva especie como consecuencia de la evolución se llama ______________________.

Separación

Escribe en el espacio en blanco la letra que corresponde a la forma correcta de especiación.

______ **13.** Una especie de ardillas se separa en dos grupos debido a cambios producidos por un terremoto.

______ **14.** Con el paso del tiempo, grupos separados de aves experimentan cambios que hacen que cada grupo coma distintos tipos de semillas.

______ **15.** Grupos de ranas separados durante mucho tiempo se vuelven a reunir pero no pueden cruzarse entre sí.

- **a.** aislamiento reproductivo
- **b.** separación
- **c.** adaptación

EXTINCIÓN

Escribe la letra de la respuesta correcta en el espacio en blanco.

______ **16.** ¿Cuál de las siguientes opciones puede ocurrir si una especie no puede adaptarse a los cambios de su ambiente?
- **a.** La especie puede extinguirse.
- **b.** La especie sobrevivirá.
- **c.** La especie se separará.
- **d.** La especie puede aumentar su tamaño.

______ **17.** ¿Cuando está extinta una especie?
- **a.** cuando quedan pocos individuos
- **b.** cuando se está reproduciendo bien
- **c.** cuando se separa
- **d.** cuando todos sus individuos han muerto

______ **18.** ¿Cuál de las siguientes opciones NO es una condición que puede causar la extinción de organismos?
- **a.** la pérdida del hábitat
- **b.** la reproducción satisfactoria
- **c.** el aumento de la competencia
- **d.** los nuevos depredadores

Aumento de la competencia

Escribe en el espacio en blanco la letra del término que corresponde a cada descripción.

______ **19.** Una especie de ratón pierde la lucha por el agua con otros animales cuando el río de su ambiente pierde caudal.

______ **20.** Zorros recién llegados a un área se alimentan de una especie de conejo que no puede escapar de ellos.

______ **21.** Los seres humanos talan árboles que le daban alimento y refugio a una especie de pájaros.

- **a.** pérdida de hábitat
- **b.** nuevos depredadores
- **c.** aumento de la competencia

Nombre ______________________ Clase ______________ Fecha ____________

Hoja de destrezas

Vocabulario y resumen de la sección A

Cambio a través del tiempo

VOCABULARIO

Define los siguientes términos en tus propias palabras. Usa el espacio en blanco correspondiente.

1. adaptación

____

____

2. especie

____

____

3. evolución

____

____

4. fósil

____

5. registro fósil

____

____

RESUMEN DE LA SECCIÓN

Lee el siguiente resumen de la sección.

- La evolución es el proceso por el cual las características heredadas dentro de una población cambian a lo largo de las generaciones, de modo que a veces surgen nuevas especies.
- Los fósiles aportan pistas sobre la vida de los animales que han habitado la Tierra. La comparación de fósiles y organismos vivos apoya la idea de que los organismos cambian a través del tiempo.
- Los científicos creen que las ballenas actuales evolucionaron a partir de un antiguo ancestro mamífero terrestre. Se han encontrado organismos fósiles que apoyan esta hipótesis.
- La comparación de la anatomía y las moléculas de diferentes organismos brinda pruebas de una ascendencia común entre los organismos vivos. Los caracteres y el ADN de las especies que comparten un ancestro común son más parecidos entre sí que los caracteres y el ADN de especies que no están estrechamente relacionadas.

Nombre ______________________ Clase ______________ Fecha ________

Hoja de destrezas

Vocabulario y resumen de la sección A

¿Cómo ocurre la evolución?

VOCABULARIO

Define los siguientes términos en tus propias palabras. Usa el espacio en blanco correspondiente.

1. carácter

____

____

____

2. reproducción selectiva

____

____

____

3. selección natural

____

____

____

RESUMEN DE LA SECCIÓN

Lee el siguiente resumen de la sección.

- Las especies de pinzones de las islas Galápagos evolucionaron y se adaptaron en respuesta a su ambiente.
- La selección natural es el proceso mediante el cual los organismos que están mejor adaptados al ambiente tienen más probabilidades de sobrevivir y reproducirse que los menos adaptados.
- Las cuatro etapas de la teoría de la evolución por selección natural de Darwin son la sobreproducción, la variación heredada, la lucha por la supervivencia y la reproducción satisfactoria.
- La variación en cada especie se debe al intercambio de información genética a medida que pasa de padres a hijos.

Nombre ______________________ Clase ______________ Fecha ______________

Hoja de destrezas

Vocabulario y resumen de la sección A

La selección natural en acción

VOCABULARIO

Define los siguientes términos en tus propias palabras. Usa el espacio en blanco correspondiente.

1. especiación

____

____

____

2. extinta

____

____

____

RESUMEN DE LA SECCIÓN

Lee el siguiente resumen de la sección.

- Una población que tiene una gran variación genética tiene muchos individuos con diferentes grupos de caracteres.
- Los factores ambientales determinan qué caracteres son favorables y qué caracteres no lo son.
- La selección natural explica cómo una especie evoluciona hasta dar lugar a otra.
- La separación, la adaptación y el aislamiento reproductivo pueden causar la especiación.
- Si las condiciones ambientales cambian, es posible que una especie no pueda sobrevivir y se extinga.
- Entre las condiciones ambientales que pueden dar lugar a la extinción de una especie se encuentran el aumento de la competencia, los nuevos depredadores y la pérdida del hábitat.

Nombre ______________________________ Clase ________________ Fecha ____________

Hoja de destrezas

Lectura dirigida A

Sección: Vamos a clasificar

Escribe la letra de la respuesta correcta en el espacio en blanco.

_______ **1.** ¿Cómo se llama la acción de poner las cosas que tienen características similares en grupos ordenados?
a. agrupación
b. clasificación
c. estudio
d. listado

¿POR QUÉ SE CLASIFICA?

_______ **2.** ¿Qué aprenden los científicos al clasificar a los seres vivos?
a. qué seres vivos son más fuertes
b. las características de las distintas especies
c. qué especies tienen la mayor cantidad de miembros
d. cómo se llevan las especies entre sí

¿CÓMO CLASIFICAN LOS CIENTÍFICOS A LOS ORGANISMOS?

_______ **3.** ¿Quién fundó la taxonomía moderna?
a. Albert Einstein
b. Charles Darwin
c. Isaac Newton
d. Carolus Linnaeus

_______ **4.** ¿Cuál es la tarea de los taxonomistas?
a. sólo tomar fotografías de los animales
b. sólo tomar fotografías de los seres vivos y darles nombres
c. describir, clasificar y dar nombre a los seres vivos
d. sólo tomar fotografías de las plantas

La clasificación hoy

_______ **5.** ¿Cuántos niveles tiene el sistema de clasificación que usan la mayoría de los científicos hoy en día?
a. ocho
b. seis
c. cinco
d. cuatro

_______ **6.** ¿Qué comparten los seres vivos que están estrechamente relacionados?
a. sólo el tamaño
b. sólo la forma
c. muchas características
d. sólo el color y el tamaño

_______ **7.** ¿Qué características comparten los ornitorrincos, los osos pardos, los leones y los gatos domésticos?
a. la capacidad de parir crías vivas
b. las garras retráctiles
c. la capacidad de ronronear
d. el pelaje y las glándulas mamarias

Diagramas ramificados

_______ **8.** ¿Qué tienen los gatos domésticos que no tienen los leones?
a. la capacidad de ronronear
b. garras retráctiles
c. pelaje y glándulas mamarias
d. la capacidad de parir crías vivas

_______ **9.** ¿Cuál de los siguientes pares de animales está más estrechamente relacionado?
a. los leones y los gatos domésticos
b. los leones y los ornitorrincos
c. los gatos domésticos y los ornitorrincos
d. los gatos domésticos y los osos pardos

_______ **10.** ¿Qué característica comparten los osos, los leones y los gatos?
a. las pezuñas
b. la capacidad de parir crías vivas
c. la sangre fría
d. la melena y la cola

NIVELES DE CLASIFICACIÓN

Escribe en el espacio en blanco la letra del término que corresponde a cada descripción.

_______ **11.** los grupos más grandes para clasificar organismos

_______ **12.** la clasificación de los phyla

_______ **13.** la división de las familias

_______ **14.** la clasificación de los géneros

a. dominios
b. especies
c. clases
d. géneros

NOMBRES CIENTÍFICOS

Escribe la letra de la respuesta correcta en el espacio en blanco.

______ **15.** ¿Qué clase de nombre es específico para cada ser vivo?
- **a.** el nombre común
- **b.** el sobrenombre
- **c.** el nombre científico
- **d.** el apellido

Nombres de dos palabras

______ **16.** ¿Cuál es la primera parte de un nombre científico?
- **a.** el nombre del orden
- **b.** el nombre del género
- **c.** el nombre del reino
- **d.** el nombre de la especie

______ **17.** ¿Cuál es la segunda parte de un nombre científico?
- **a.** el nombre del orden
- **b.** el nombre del género
- **c.** el nombre del reino
- **d.** el nombre específico

______ **18.** ¿Cuál es el nombre científico del elefante asiático?
- **a.** *Felis domesticus*
- **b.** *Elephas maximus*
- **c.** *Tyrannosaurus rex*
- **d.** *Canis lupus*

______ **19.** ¿Con qué comienzan todos los nombres de género?
- **a.** con una letra minúscula
- **b.** con una letra mayúscula
- **c.** con un número
- **d.** con un número romano

______ **20.** ¿En qué idioma suelen estar los nombres científicos?
- **a.** latín y francés
- **b.** griego y alemán
- **c.** latín y griego
- **d.** inglés y latín

ORGANISMOS EXTINTOS Y ORGANISMOS VIVOS

_______ **21.** ¿Cómo se identifican las características de los animales extintos?

a. a partir de historias escritas
b. a partir de dibujos hechos en las cavernas
c. estas características no pueden identificarse
d. a partir de los fósiles de esos organismos

FÓSILES Y DIAGRAMAS RAMIFICADOS

_______ **22.** ¿Cuándo apareció el Neohipparion?

a. en el Plioceno
b. en el Pleistoceno
c. en el Mioceno
d. en el Oligoceno

Nombre ______________________ Clase ______________ Fecha ____________

Hoja de destrezas

Lectura dirigida A

Sección: Dominios y reinos

Escribe la letra de la respuesta correcta en el espacio en blanco.

______ **1.** ¿A qué categorías se pensaba que pertenecían todos los organismos antes de que se descubrieran organismos como la euglena?
a. plantas o animales
b. peces o aves
c. plantas o mamíferos
d. animales o árboles

TRES DOMINIOS

______ **2.** ¿Cómo clasifican los científicos a los organismos?
a. geográficamente
b. alfabéticamente
c. según sus características únicas
d. según sus características derivadas compartidas

______ **3.** ¿Qué reino crearon los científicos para los organismos con características tanto vegetales como animales?
a. Euglena
b. Protista
c. Fungi
d. Animalia

______ **4.** ¿Cuántos dominios existen en el sistema de clasificación actual?
a. cinco
b. tres
c. siete
d. ocho

DOMINIO ARCHAEA

______ **5.** ¿Qué nombre se les da a los organismos pequeños, unicelulares y sin núcleo?
a. semillas
b. procariotes
c. euglenas
d. esporas

______ **6.** ¿Qué clase de procariote puede vivir donde otros organismos no sobreviven?
a. las arqueas
b. las bacterias
c. las protistas
d. los hongos

DOMINIO BACTERIA

______ **7.** ¿Qué vitamina producen las bacterias del intestino humano?
a. la vitamina C
b. la vitamina A
c. la vitamina K
d. la vitamina E

______ **8.** ¿Qué clase de alimento nos ayudan a fabricar las bacterias a partir de la leche?
a. helado
b. leche malteada
c. crema batida
d. yogur

______ **9.** ¿Qué tipo de enfermedades pueden causar algunas clases de bacterias en las personas?
a. resfríos
b. gripe
c. neumonía
d. verrugas

DOMINIO EUKARYA

Reino Protista

Escribe en el espacio en blanco la letra del término que corresponde a cada descripción.

______ **10.** organismos que tienen núcleo y membranas celulares

______ **11.** organismos unicelulares o pluricelulares que no son hongos, plantas ni animales

______ **12.** organismos del reino Protista similares a las plantas

______ **13.** organismos del reino Protista similares a los animales

______ **14.** dominio compuesto por todos los eucariotes

a. protistas
b. algas
c. eucariotes
d. Eukarya
e. protozoarios

Lectura dirigida A *(continuación)*

Reino Fungi

Escribe la letra de la respuesta correcta en el espacio en blanco.

_______ **15.** ¿Qué pueden hacer las plantas que no pueden hacer los hongos?
a. respiración celular
b. fermentación
c. fotosíntesis
d. digestión

_______ **16.** ¿De dónde obtienen sus nutrientes los hongos?
a. del aire
b. del Sol
c. de su entorno
d. de la energía

_______ **17.** ¿Cómo obtienen nutrientes los hongos?
a. Los digieren y los absorben.
b. Los mastican y los tragan.
c. Los producen.
d. Los capturan y los comen.

Reino Plantae

_______ **18.** ¿Qué tipo de organismos eucarióticos tienen pared celular y producen su propio alimento?
a. los animales
b. las plantas
c. las arqueas
d. los hongos

_______ **19.** ¿A qué deben exponerse la mayoría de las plantas para que se produzca la fotosíntesis?
a. al agua de lluvia
b. al alimento
c. a la luz solar
d. a los animales

_______ **20.** ¿Qué les brindan las plantas a muchos otros organismos?
a. hongos
b. protozoarios
c. luz solar
d. alimento y un lugar donde vivir

Lectura dirigida A *(continuación)*

Rereino Animalia

_______ **21.** ¿Qué características comparten la mayoría de los miembros del reino Animalia?
a. Son unicelulares y verdes.
b. Tienen paredes celulares.
c. Son pluricelulares y se desplazan.
d. Llevan a cabo la fotosíntesis.

_______ **22.** ¿Qué les permiten hacer a los animales los órganos sensoriales?
a. digerir su alimento
b. reaccionar a su ambiente
c. crecer
d. descansar

_______ **23.** ¿Por qué dependen los animales de las bacterias y los hongos?
a. para reciclar los nutrientes del ambiente
b. para suministrar clorofila
c. para alimentarse
d. para usar la luz solar

_______ **24.** ¿Cuál de las siguientes opciones es un ejemplo de un animal muy simple que no puede desplazarse y no tiene órganos sensoriales?
a. la tortuga
b. el escarabajo
c. la esponja
d. el pájaro

Nombre ______________________ Clase ______________ Fecha ____________

Hoja de destrezas

Vocabulario y resumen de la sección A

Vamos a clasificar

VOCABULARIO

Define los siguientes términos en tus propias palabras. Usa el espacio en blanco correspondiente.

1. clasificación

____

____

2. taxonomía

____

____

RESUMEN DE LA SECCIÓN

Lee el siguiente resumen de la sección.

- La clasificación se refiere a la organización de organismos en grupos ordenados según sus características derivadas compartidas.
- La clasificación es una herramienta útil para entender las relaciones entre los organismos.
- Existen ocho niveles de clasificación.
- El nombre científico de un organismo está compuesto por dos partes.
- Los diagramas ramificados muestran las relaciones evolutivas entre los organismos extintos y los organismos vivos.

Nombre ______________________ Clase ______________ Fecha ____________

Hoja de destrezas

Vocabulario y resumen de la sección A

Dominios y reinos

VOCABULARIO

Define los siguientes términos en tus propias palabras. Usa el espacio en blanco correspondiente.

1. Archaea

____

____

2. Bacteria

____

____

3. Eukarya

____

____

4. Protista

____

____

5. Fungi

____

____

6. Plantae

____

____

7. Animalia

____

____

RESUMEN DE LA SECCIÓN

Lee el siguiente resumen de la sección.

- La mayoría de los biólogos reconocen tres dominios: Archaea, Bacteria y Eukarya.
- A medida que los científicos descubren nuevos organismos, se cambian los sistemas de clasificación para incluir las características de los organismos nuevos.
- Las arqueas pueden vivir en ambientes extremos. Las bacterias viven en casi todos los demás lugares. Todos los procariotes son miembros del dominio Archaea o del dominio Bacteria.
- El dominio Eukarya está compuesto por cuatro reinos: Protista, Fungi, Plantae y Animalia. Todos los miembros del dominio Eukarya son eucariotes.

Nombre ______________________________ Clase ______________ Fecha ____________

Hoja de destrezas

Lectura dirigida A

Sección: ¿Qué es una planta?

CARACTERÍSTICAS DE LAS PLANTAS

Cutículas

Escribe la letra de la respuesta correcta en el espacio en blanco.

_______ **1.** ¿Cuál es el nombre de la capa cerosa que impide que las plantas se sequen?
a. pared celular
b. membrana celular
c. fotosíntesis
d. cutícula

Fotosíntesis

_______ **2.** ¿Qué es lo que da el color verde a las plantas y capta la energía de la luz solar?
a. los organelos
b. la clorofila
c. el dióxido de carbono
d. las vacuolas

_______ **3.** ¿Qué proceso usan las plantas para fabricar alimento?
a. el cloroplasto
b. el organelo
c. la fotosíntesis
d. el productor

Pared celular

_______ **4.** ¿Qué es lo que ayuda a endurecer las paredes celulares?
a. las membranas celulares y los cloroplastos
b. las cutículas y la fotosíntesis
c. los carbohidratos y las proteínas
d. las gimnospermas y la clorofila

_______ **5.** ¿Qué hay debajo de la pared celular?
a. la angiosperma
b. la proteína
c. la membrana celular
d. las algas verdes

Escribe en el espacio en blanco la letra que corresponde a cada rótulo de la ilustración.

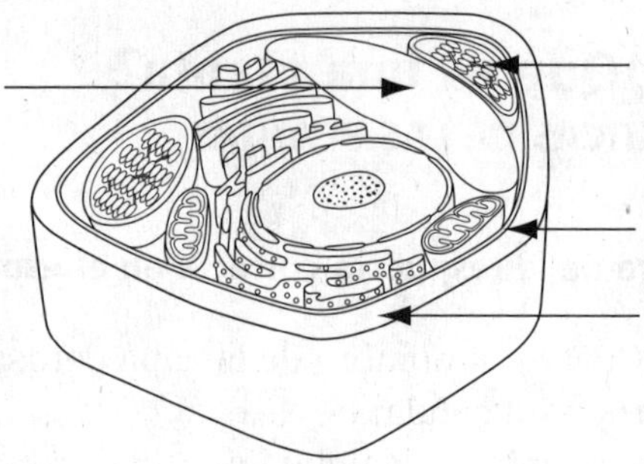

______ **6.** pared celular

______ **7.** vacuola

______ **8.** membrana celular

______ **9.** cloroplasto

Reproducción

Escribe la letra de la respuesta correcta en el espacio en blanco.

______ **10.** ¿Cuál de las siguientes opciones se produce durante la fase del esporofito?
a. gametos masculinos
b. células huevo
c. esporas
d. células sexuales

______ **11.** ¿En qué se transforma una espora?
a. en un esporofito
b. en un gametofito
c. en células sexuales
d. en esporas

______ **12.** ¿Qué producen los gametofitos?
a. vacuolas
b. animales
c. células huevo y gametos masculinos
d. esporas

______ **13.** ¿En qué se convierte una célula huevo fecundada?
a. en un esporofito
b. en células sexuales
c. en un gametofito
d. en esporas

CLASIFICACIÓN DE LAS PLANTAS

Plantas no vasculares

Escribe en el espacio en blanco la letra del término que corresponde a cada descripción.

______ **14.** una planta con semillas que da flores

______ **15.** una planta sin tejidos para transportar agua y nutrientes

______ **16.** una planta vascular que no da flores

______ **17.** una planta con tejidos especializados para transportar agua y nutrientes

a. gimnosperma
b. planta vascular
c. angiosperma
d. planta no vascular

Escribe en el espacio en blanco la letra del término que corresponde a cada descripción.

______ **18.** tiene semillas pero ninguna flor

______ **19.** tiene tejidos vasculares pero ninguna semilla

______ **20.** tiene flores y semillas

a. planta vascular sin semillas
b. angiosperma
c. gimnosperma

EL ORIGEN DE LAS PLANTAS

Completa las siguientes oraciones con un término de la lista.

ancestro	paredes celulares
fotosíntesis	plantas

21. Las algas verdes no son ______________________.

22. Las algas verdes y las plantas tienen ______________________ similares.

23. Las algas verdes y las plantas comparten un/una ______________________ común.

24. Las algas verdes y las plantas producen su propio alimento

a través del/de la ______________________.

Nombre ______________________________ Clase ________________ Fecha __________

Hoja de destrezas

Lectura dirigida A

Sección: Plantas sin semillas

Escribe la letra de la respuesta correcta en el espacio en blanco.

______ **1.** ¿Cuáles son los dos grupos de plantas sin semillas?
- **a.** las gimnospermas y las angiospermas
- **b.** los rizoides y los rizomas
- **c.** las plantas vasculares sin semillas y las plantas no vasculares sin semillas
- **d.** los gametofitos y los esporofitos

PLANTAS NO VASCULARES

______ **2.** ¿Cuál de las siguientes afirmaciones sobre las plantas no vasculares es verdadera?
- **a.** Las plantas no vasculares no tienen tejidos para transportar agua.
- **b.** Las plantas no vasculares tienen tejidos para transportar agua.
- **c.** Las plantas no vasculares generalmente son grandes.
- **d.** Las plantas no vasculares no tienen estructuras.

______ **3.** ¿Donde suelen vivir las plantas no vasculares?
- **a.** en lugares secos
- **b.** en lugares húmedos
- **c.** en lugares secretos
- **d.** en lugares fríos

Musgos

______ **4.** ¿Qué estructura parecida a una raíz permite a los musgos obtener agua y nutrientes?
- **a.** los gametofitos
- **b.** los rizoides
- **c.** las esporas
- **d.** la luz solar

______ **5.** ¿Qué libera esporas durante el ciclo de vida de los musgos?
- **a.** la célula huevo fecundada
- **b.** los gametofitos
- **c.** los esporofitos
- **d.** el gameto masculino

______ **6.** ¿En qué se transforman las esporas durante el ciclo de vida de los musgos?
- **a.** en fertilizante
- **b.** en gametofitos
- **c.** en esporofitos
- **d.** en esporas

_______ **7.** ¿Cómo se llaman las dos etapas del ciclo de vida de los musgos?
a. célula huevo y gameto masculino
b. gametofito y esporofito
c. natación y fecundación
d. aire y agua

Hepáticas y milhojas

_______ **8.** ¿Qué aspecto tienen los gametofitos de las milhojas?
a. son frondosos y tienen la apariencia de un musgo
b. parecen rizoides
c. son anchos y aplanados
d. parecen musgos

La importancia de las plantas no vasculares

_______ **9.** ¿Cómo ayudan al suelo las plantas no vasculares?
a. Reducen la erosión del suelo.
b. Lo mantienen caliente.
c. Mantienen la humedad del suelo.
d. Lo afinan.

_______ **10.** ¿Cómo usan los animales a las plantas no vasculares?
a. como alimento y combustible
b. como alimento y como material para construir nidos
c. como tierra para macetas
d. como agua y como material para construir nidos

_______ **11.** ¿Para qué sirve el musgo *Sphagnum* seco?
a. para ser usado como combustible
b. para provocar erosión
c. para ser usado como alimento
d. para ser usado como semilla

PLANTAS VASCULARES SIN SEMILLAS

_______ **12.** ¿En qué se especializa el tejido vascular?
a. Ayuda a la planta a reproducirse.
b. Transporta agua a todas las células de una planta.
c. Produce alimento para la planta.
d. Protege a la planta de los insectos.

Helechos

_______ **13.** ¿Cómo se reproducen los helechos y otras plantas vasculares sin semillas?
- **a.** una vez cada cien años
- **b.** mediante la fotosíntesis
- **c.** con rizoides y rizomas
- **d.** sexualmente y asexualmente

Escribe en el espacio en blanco la letra del término que corresponde a cada descripción.

_______ **14.** tallo subterráneo que produce hojas y raíces nuevas

_______ **15.** hoja del helecho

_______ **16.** fronda joven enroscada

_______ **17.** planta más pequeña que una uña

- **a.** fronda
- **b.** gametofito de los helechos
- **c.** circinada
- **d.** rizoma

Colas de caballo y licopodios

Completa las siguientes oraciones con un término de la lista.

sílice	ciclos de vida
tallo	tejido vascular

18. Las colas de caballo tienen textura arenosa debido al/a la ______________________.

19. La sílice se encuentra en el/la ______________________ de la cola de caballo.

20. A diferencia de los musgos, los licopodios tienen ______________________.

21. Las colas de caballo, los licopodios y los helechos tienen ______________ similares.

Importancia de las plantas vasculares sin semilla

Escribe la letra de la respuesta correcta en el espacio en blanco.

_______ **22.** ¿Cómo favorecen al ambiente los helechos, las colas de caballo y los licopodios?
- **a.** Contribuyen a la formación del suelo.
- **b.** Fabrican sílice.
- **c.** Reducen la profundidad del suelo.
- **d.** Forman bosques.

_______ **23.** ¿Cómo contribuyen los helechos en áreas rocosas al crecimiento de otras plantas?
- **a.** Embellecen el área.
- **b.** Aumentan la profundidad del suelo.
- **c.** Reducen la profundidad del suelo.
- **d.** Producen erosión.

_______ **24.** ¿Para qué pueden usarse las colas de caballo?

a. para hacer champú
b. para fundir hierro
c. para fabricar ropa
d. para el transporte

_______ **25.** ¿Qué combustibles se formaron a partir de plantas sin semillas que murieron hace 300 millones de años?

a. combustible nuclear y carbón
b. carbón y petróleo
c. hidrógeno y oxígeno
d. petróleo y agua

Nombre ______________________________ Clase ________________ Fecha ____________

Hoja de destrezas

Lectura dirigida A

Sección: Plantas con semillas

Escribe la letra de la respuesta correcta en el espacio en blanco.

______ **1.** ¿Qué tipos de plantas producen semillas?
- **a.** las gimnospermas y las angiospermas
- **b.** los helechos y las colas de caballo
- **c.** las plantas no vasculares
- **d.** los musgos y las hepáticas

CARACTERÍSTICAS DE LAS PLANTAS CON SEMILLAS

______ **2.** ¿Cuántas etapas tiene el ciclo de vida de una planta con semillas?
- **a.** una
- **b.** dos
- **c.** tres
- **d.** cuatro

______ **3.** ¿Qué alimentan y protegen las semillas?
- **a.** las células huevo
- **b.** los esporofitos jóvenes
- **c.** los gametofitos
- **d.** las hojas jóvenes

______ **4.** ¿Cuál de los siguientes elementos no vive independientemente en las plantas con semillas?
- **a.** los tallos
- **b.** los esporofitos
- **c.** los gametofitos
- **d.** las hojas jóvenes

______ **5.** ¿Qué necesitan los gametos masculinos de las plantas sin semillas para moverse hasta las células huevo?
- **a.** agua
- **b.** viento
- **c.** polen
- **d.** pájaros

______ **6.** ¿Dentro de qué estructura se forman los gametos masculinos de las plantas con semillas?
- **a.** el agua
- **b.** el polen
- **c.** los tallos
- **d.** las semillas

LA ESTRUCTURA DE LAS SEMILLAS

_______ **7.** ¿Cuándo se forman las semillas?
- **a.** después de la fecundación
- **b.** cuando los gametos masculinos nadan hacia la célula huevo
- **c.** antes de la fecundación
- **d.** antes de que se forme el polen

_______ **8.** ¿Qué ventaja tienen las semillas sobre las esporas?
- **a.** Las semillas almacenan alimento.
- **b.** Los animales no tocan las semillas.
- **c.** Las semillas crecen en lugares húmedos.
- **d.** Las semillas permanecen en un mismo lugar.

_______ **9.** ¿Qué es lo que hacen los animales que favorece a las semillas?
- **a.** impedir su crecimiento
- **b.** no tocarlas
- **c.** esparcirlas eficientemente
- **d.** destruirlas

Escribe en el espacio en blanco la letra del término que corresponde a cada descripción.

_______ **10.** parte de la semilla donde se almacena el alimento

_______ **11.** unión del gameto masculino y la célula huevo

_______ **12.** protección para una planta dentro de una semilla

_______ **13.** una planta joven dentro de una semilla

- **a.** cubierta seminal
- **b.** cotiledón
- **c.** esporofito
- **d.** fecundación

GIMNOSPERMAS

Escribe la letra de la respuesta correcta en el espacio en blanco.

_______ **14.** ¿Cómo se llaman las plantas con semillas que NO dan flores ni frutos?
- **a.** helechos
- **b.** esporofitos
- **c.** esporas
- **d.** gimnospermas

Importancia de las gimnospermas

_______ **15.** ¿Cuál de las siguientes opciones NO es un ejemplo del uso humano de las gimnospermas?
- **a.** materiales de construcción y productos de papel
- **b.** fuente de resinas para pinturas y jabones
- **c.** medicamentos para combatir el cáncer y las alergias
- **d.** alimentos

El ciclo de vida de las gimnospermas

_______ **16.** ¿Dónde se encuentran los gametos masculinos?
a. en el polen
b. en las células huevo
c. en los esporofitos jóvenes
d. en los rizoides

_______ **17.** ¿Cómo se llama la transferencia del polen de los conos masculinos a los conos femeninos?
a. fecundación
b. reproducción asexual
c. polinización
d. conífera

Consulta la siguiente ilustración para contestar las preguntas 18 a 21. Para cada pregunta, escribe la letra de la respuesta correcta en el espacio en blanco.

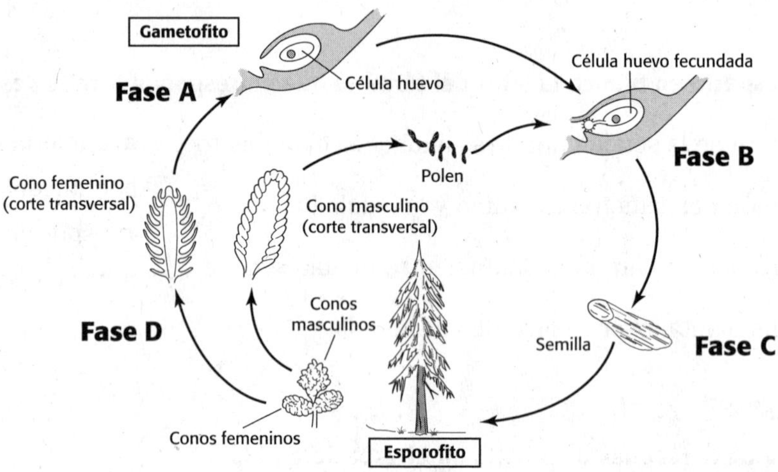

_______ **18.** ¿En qué fase se produce la fecundación?
a. en la fase A
b. en la fase B
c. en la fase C
d. en la fase D

_______ **19.** ¿En qué fase se producen las células sexuales?
a. en la fase A
b. en la fase B
c. en la fase C
d. en la fase D

_______ **20.** ¿En qué fase se transforma la célula huevo fecundada en un esporofito joven?
a. en la fase A
b. en la fase B
c. en la fase C
d. en la fase D

_______ **21.** ¿En qué fase se producen las esporas?
a. en la fase A
b. en la fase B
c. en la fase C
d. en la fase D

ANGIOSPERMAS

Escribe la letra de la respuesta correcta en el espacio en blanco.

_______ **22.** ¿Qué tipo de plantas produce flores y frutos?
- **a.** las gimnospermas
- **b.** las angiospermas
- **c.** los helechos
- **d.** los musgos

Reproducción de las angiospermas

Completa las siguientes oraciones con un término de la lista.

las flores — los frutos — el polen

23. Las estructuras reproductivas de las angiospermas son _______________.

24. Los animales pueden ser atraídos por las flores y transportar _______________ de flor en flor.

25. Las semillas de las angiospermas están rodeadas por _______________.

Completa las siguientes oraciones con un término de la lista.

el viento — el pelaje — las semillas

26. Algunos frutos y semillas son arrastrados por _______________.

27. Algunos animales comen frutos y desechan _______________.

28. Algunos frutos, como los cadillos, se enredan en _______________ de los animales.

Dos clases de angiospermas

Escribe en el espacio en blanco la letra del término que corresponde a cada descripción.

_______ **29.** clase de semilla con un cotiledón

_______ **30.** clase de semilla con dos cotiledones

a. dicotiledónea
b. monocotiledónea

Importancia de las angiospermas

Escribe en el espacio en blanco la letra del término que corresponde a cada descripción.

_______ **31.** planta con flores que se usa como material de construcción

_______ **32.** planta con flores que se usa para fabricar ropa

_______ **33.** planta con flores que se cultiva como alimento

a. maíz
b. roble
c. algodón

Nombre ______________________ Clase ______________ Fecha ____________

Hoja de destrezas

Lectura dirigida A

Sección: Estructuras de las plantas con semillas

Escribe la letra de la respuesta correcta en el espacio en blanco.

______ **1.** ¿Qué le brinda a una planta con semillas lo que necesita para sobrevivir?
- **a.** las semillas y las esporas
- **b.** el sistema radicular y el sistema de brotes
- **c.** el sistema reproductor y el sistema digestivo
- **d.** los rizomas y los rizoides

______ **2.** ¿Qué transporta agua y minerales a través de una planta con semillas?
- **a.** el xilema
- **b.** el floema
- **c.** las semillas
- **d.** los rizomas

______ **3.** ¿Qué transporta el alimento a todas las partes de la planta?
- **a.** el xilema
- **b.** el floema
- **c.** las semillas
- **d.** los rizomas

RAÍCES

______ **4.** ¿Dónde se encuentran la mayoría de las raíces?
- **a.** por encima del suelo
- **b.** en el agua
- **c.** debajo del suelo
- **d.** en las semillas

Funciones de la raíz

______ **5.** ¿Qué le brindan las raíces a la planta?
- **a.** protección
- **b.** luz solar
- **c.** agua y minerales
- **d.** xilema y floema

______ **6.** ¿Qué sostiene a las plantas con firmeza en el suelo?
- **a.** los tallos
- **b.** las raíces
- **c.** el xilema
- **d.** el floema

______ **7.** ¿Cuál de las siguientes opciones es una función de las raíces?
a. Almacenar alimento.
b. Eliminar el exceso de agua.
c. Captar la energía solar.
d. Liberar minerales.

Estructura de la raíz

______ **8.** ¿Cómo se llaman las células que cubren una raíz?
a. cofia
b. tallo
c. epidermis
d. pelos radiculares

______ **9.** ¿Qué ayuda a las raíces a obtener más agua?
a. la punta de la raíz
b. el tallo
c. los pelos radiculares
d. la cofia

______ **10.** ¿Qué protege la cofia?
a. el tallo
b. la provisión de alimento
c. los pelos radiculares
d. la punta de la raíz

Sistemas radiculares

______ **11.** ¿Cómo se llama el sistema radicular que tiene una raíz primaria?
a. de tallo radicular
b. de cofia
c. de raíz principal
d. fibroso

______ **12.** ¿Cómo se llama el sistema radicular con varias raíces que suelen ser del mismo tamaño?
a. de tallo radicular
b. de cofia radicular
c. de raíz principal
d. fibroso

Lectura dirigida A *(continuación)*

TALLOS

______ **13.** ¿Dónde se encuentran la mayoría de los tallos?
- **a.** en las raíces
- **b.** debajo del suelo
- **c.** en el agua
- **d.** sobre el suelo

Funciones del tallo

Completa las siguientes oraciones con un término de la lista.

agua	xilema	sostienen
raíces	floema	

14. Los tallos ______________________ el cuerpo de la planta.

15. El tallo conecta el/las ______________________ de la planta con sus hojas y flores.

16. En los tallos, el/las ______________________ transporta/n agua y minerales disueltos de las raíces hasta las hojas.

17. El/las ______________________ transporta/n el alimento producido durante la fotosíntesis hacia las raíces y otras partes de la planta.

18. Algunos tallos almacenan ______________________.

Tallos herbáceos

Escribe la letra de la respuesta correcta en el espacio en blanco.

______ **19.** ¿Cómo se llaman los tallos que son blandos, delgados y flexibles?
- **a.** xilema
- **b.** floema
- **c.** tallos herbáceos
- **d.** tallos leñosos

______ **20.** ¿Cuál de las siguientes plantas tiene un tallo herbáceo?
- **a.** la planta de frijoles
- **b.** los arbustos
- **c.** el roble
- **d.** el pino

Tallos leñosos

_______ **21.** ¿Cómo se llaman los tallos rígidos hechos de madera y corteza?
- **a.** xilema
- **b.** floema
- **c.** tallos herbáceos
- **d.** tallos leñosos

_______ **22.** ¿Cómo se llama el anillo de células oscuras que rodea al anillo de células claras en un tallo leñoso?
- **a.** anillo de madera
- **b.** corte transversal
- **c.** anillo de crecimiento
- **d.** tallo

HOJAS

Funciones de las hojas

_______ **23.** ¿Cuál es la principal función de las hojas?
- **a.** producir alimento para la planta
- **b.** favorecer la reproducción de la planta
- **c.** sostener la planta
- **d.** dar color verde a la planta

Escribe en el espacio en blanco la letra del término que corresponde a cada descripción.

_______ **24.** Capta la energía solar.

_______ **25.** Las hojas lo absorben del aire.

_______ **26.** Se produce a partir del dióxido de carbono y del agua.

- **a.** alimento
- **b.** dióxido de carbono
- **c.** cloroplasto

Estructura de las hojas

Escribe en el espacio en blanco la letra del término que corresponde a cada descripción.

_______ **27.** capa ubicada debajo de la cutícula

_______ **28.** orificios diminutos que permiten que el dióxido de carbono entre en las hojas

_______ **29.** impide que las hojas pierdan agua

_______ **30.** abren y cierran las estomas

- **a.** células oclusivas
- **b.** cutícula
- **c.** estomas
- **d.** epidermis

Adaptaciones de las hojas

Escribe en el espacio en blanco la letra del término que corresponde a cada descripción.

______ **31.** hojas modificadas de los cactus

______ **32.** tiene hojas modificadas para atrapar insectos

a. la drosera
b. espinas

FLORES

Escribe la letra de la respuesta correcta en el espacio en blanco.

______ **33.** ¿Por qué algunas plantas tienen flores?
a. para la reproducción sexual
b. para captar energía solar
c. para producir alimento
d. para protegerse

______ **34.** ¿Qué pasa a menudo cuando los animales y los insectos son atraídos por las flores?
a. Polinizan las flores.
b. Destruyen las flores.
c. Plantan las flores.
d. Brindan alimento a las flores.

Sépalos y pétalos

______ **35.** ¿Qué protege a los capullos de las flores?
a. las raíces
b. los pétalos
c. los sépalos
d. las semillas

______ **36.** ¿Qué partes de la flor son anchas, en forma de hoja y atraen a los animales?
a. los sépalos
b. los pétalos
c. las raíces
d. las semillas

Estambres y pistilos

______ **37.** ¿Cómo se llama la parte masculina de una flor?
a. pistilo
b. óvulo
c. estilo
d. estambre

______ **38.** ¿Cómo se llama la parte femenina de una flor?

a. pistilo
b. filamento
c. antera
d. estambre

______ **39.** ¿Qué parte de la flor contiene los óvulos?

a. el pistilo
b. el estambre
c. el ovario
d. el filamento

Completa las siguientes oraciones con un término de la lista.

estambre ovario pistilo

40. El filamento y la antera son partes del ______________________.

41. El estigma, el estilo y el ovario son partes del ______________________.

42. Un fruto se desarrolla a partir del ______________________.

La importancia de las flores

Completa las siguientes oraciones con un término de la lista.

clavo de olor brócoli manzanilla

43. El/La ______________________ es una flor que se puede comer.

44. El/La ______________________ es una flor que sirve para hacer té.

45. El/La ______________________ es una flor que se puede usar como especia.

Nombre ______________________ Clase ______________ Fecha ______________

Hoja de destrezas

Vocabulario y resumen de la sección A

¿Qué es una planta?

VOCABULARIO

Define los siguientes términos en tus propias palabras. Usa el espacio en blanco correspondiente.

1. planta no vascular

____

____

____

2. planta vascular

____

____

____

3. gimnosperma

____

____

____

4. angiosperma

____

____

____

RESUMEN DE LA SECCIÓN

Lee el siguiente resumen de la sección.

- Todas las plantas producen su propio alimento y tienen cutícula, pared celular y un ciclo de vida de dos fases.
- Las plantas se clasifican primero en dos grupos: plantas no vasculares y plantas vasculares. Las plantas vasculares se subdividen en plantas sin semillas, gimnospermas y angiospermas.
- Las similitudes entre las algas verdes y las plantas sugieren que podrían tener un ancestro común.

Nombre ______________________ Clase ______________ Fecha ____________

Hoja de destrezas

Vocabulario y resumen de la sección A

Plantas sin semillas

VOCABULARIO

Define los siguientes términos en tus propias palabras. Usa el espacio en blanco correspondiente.

1. rizoide

____

____

____

2. rizoma

____

____

____

RESUMEN DE LA SECCIÓN

Lee el siguiente resumen de la sección.

- Entre las plantas no vasculares se incluyen los musgos, las hepáticas y las milhojas.
- Entre las plantas vasculares sin semillas se incluyen los helechos, las colas de caballo y los licopodios.
- La mayoría de las plantas tienen un ciclo de vida de dos fases y se reproducen sexual y asexualmente.
- Los rizoides y los rizomas de las plantas sin semillas evitan la erosión al mantener el suelo en su lugar. Los restos de plantas vasculares sin semillas que vivieron y murieron hace unos 300 millones de años formaron carbón.

Nombre ______________________ Clase ______________ Fecha ____________

Hoja de destrezas

Vocabulario y resumen de la sección A

Plantas con semillas

VOCABULARIO

Define los siguientes términos en tus propias palabras. Usa el espacio en blanco correspondiente.

1. polen

___

___

___

2. polinización

___

___

___

RESUMEN DE LA SECCIÓN

Lee el siguiente resumen de la sección.

- Las semillas nutren al esporofito joven de las plantas con semillas. Los gametofitos de las plantas con semillas dependen del esporofito. No necesitan agua para la fecundación.
- La reproducción sexual se lleva a cabo en las gimnospermas cuando el gameto masculino del cono masculino fecunda la célula huevo del cono femenino. El embrión se desarrolla dentro del cono femenino, que luego libera semillas.
- Las flores son las estructuras reproductoras de las angiospermas. El viento y los animales colaboran para que se reproduzcan las angiospermas.
- Muchos organismos dependen de las plantas con semillas para alimentarse. Los seres humanos dan muchos usos a las plantas con semillas.

Nombre ______________________ Clase ______________ Fecha ____________

Hoja de destrezas

Vocabulario y resumen de la sección A

Estructuras de las plantas con semillas

VOCABULARIO

Define los siguientes términos en tus propias palabras. Usa el espacio en blanco correspondiente.

1. xilema

____

____

2. floema

____

____

3. sépalo

____

____

4. pétalo

____

____

5. estambre

____

____

6. pistilo

____

____

7. ovario

____

____

8. óvulo

____

____

RESUMEN DE LA SECCIÓN

Lee el siguiente resumen de la sección.

- Las raíces proporcionan agua y minerales disueltos a las plantas. Sostienen y fijan las plantas. Las raíces también almacenan los sobrantes de alimento producidos durante la fotosíntesis.
- Los tallos sostienen el cuerpo de una planta. Permiten el transporte de sustancias entre las raíces y los brotes. Algunos tallos almacenan sustancias, como el agua.
- Las hojas tienen una epidermis delgada en la superficie superior e inferior. La epidermis permite que la luz solar penetre hasta el centro de la hoja.
- La mayor parte de la fotosíntesis tiene lugar en la capa de empalizada de la hoja. La capa esponjosa permite el movimiento del dióxido de carbono y contiene el xilema y el floema.
- Las flores son las estructuras reproductoras de las angiospermas. Las cuatro partes principales de una flor son los sépalos, los pétalos, los estambres y uno o más pistilos.
- Los pistilos suelen encontrarse en el centro de la flor. El ovario de un pistilo contiene óvulos que contienen células huevo. Cuando las células huevo son fecundadas, los óvulos se desarrollan, se convierten en semillas y el ovario se transforma en fruto.

Nombre ______________________ Clase ______________ Fecha ____________

Hoja de destrezas

Lectura dirigida A

Sección: Fotosíntesis

Escribe la letra de la respuesta correcta en el espacio en blanco.

_____ **1.** ¿Qué gas necesitan las plantas?
- **a.** ozono
- **b.** metano
- **c.** dióxido de carbono
- **d.** helio

_____ **2.** ¿Cómo se llama el proceso por el cual las plantas generan su propio alimento?
- **a.** polinización
- **b.** reproducción
- **c.** adaptación
- **d.** fotosíntesis

CAPTAR LA ENERGÍA LUMINOSA

_____ **3.** ¿Cuál de las siguientes opciones capta la energía solar para llevar a cabo la fotosíntesis?
- **a.** las granas
- **b.** los cloroplastos
- **c.** los pétalos
- **d.** las raíces

_____ **4.** ¿Cómo se llama el pigmento verde de las plantas?
- **a.** glucosa
- **b.** cloroplasto
- **c.** clorofila
- **d.** azúcar

_____ **5.** ¿Cuál de las siguientes afirmaciones sobre la clorofila es verdadera?
- **a.** La clorofila refleja la energía química.
- **b.** La clorofila absorbe la energía química.
- **c.** La clorofila absorbe las longitudes de onda de luz verde de la luz solar.
- **d.** La clorofila refleja las longitudes de onda de luz verde de la luz solar.

Nombre ______________________________ Clase _______________ Fecha ___________

Escribe en el espacio en blanco la letra que corresponde a cada rótulo de la ilustración.

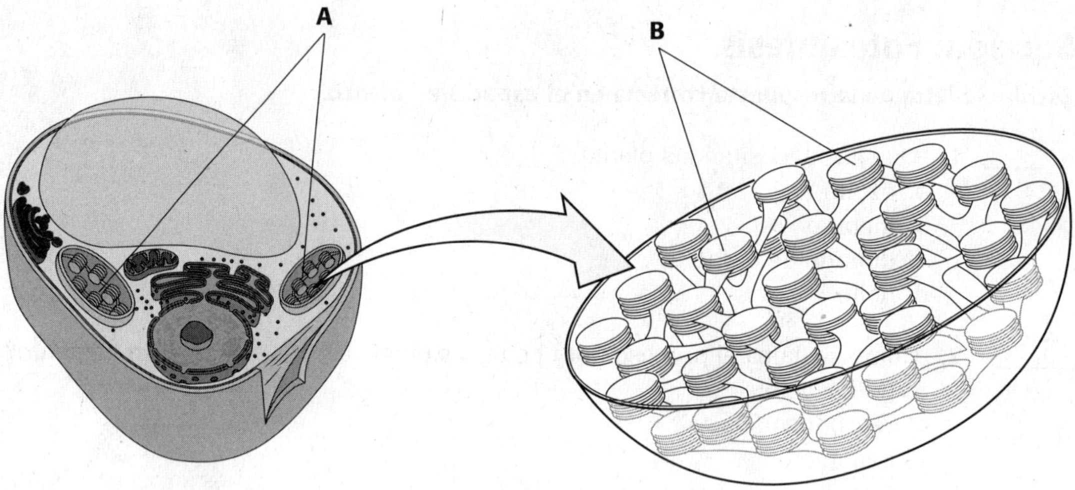

_______ **6.** granas

_______ **7.** cloroplastos

PRODUCIR AZÚCAR

Completa las siguientes oraciones con los términos de la lista.

glucosa oxígeno

8. La energía luminosa capturada por la clorofila se usa durante la fotosíntesis para formar moléculas de ________________________.

9. Las células vegetales liberan gas ________________________ durante la fotosíntesis.

OBTENER ENERGÍA DEL AZÚCAR

Completa las siguientes oraciones con los términos de la lista.

respiración celular sacarosa las mitocondrias

10. Las células vegetales usan la energía almacenada en la glucosa y liberada por ________________________.

11. El proceso por medio del cual las células utilizan oxígeno para producir energía a partir de los alimentos se llama ________________________.

12. Las plantas convierten el exceso de glucosa en otro tipo de azúcar llamado ________________________ o la almacenan en forma de almidón.

INTERCAMBIO DE GASES

Escribe en el espacio en blanco la letra del término que corresponde a cada descripción.

_____ **13.** capa de cera que evita que la planta pierda agua

_____ **14.** abertura en la epidermis y la cutícula de una hoja

_____ **15.** "puertas dobles" que abren y cierran los estomas

_____ **16.** proceso por el cual las plantas liberan vapor de agua al aire

a. estoma
b. transpiración
c. cutícula
d. células oclusivas

LA IMPORTANCIA DE LA FOTOSÍNTESIS

Escribe la letra de la respuesta correcta en el espacio en blanco.

_____ **17.** ¿Cuál de las siguientes opciones NO forma la base de la mayoría de las cadenas alimenticias de la Tierra?
a. las plantas
b. las bacterias
c. los peces
d. los protistas

_____ **18.** ¿Qué sucede durante la fotosíntesis?
a. Las plantas almacenan energía luminosa en forma de energía química.
b. Las plantas pierden sus hojas.
c. Las plantas almacenan energía química en forma de energía luminosa.
d. Las plantas a menudo mueren.

_____ **19.** ¿De qué dependen la mayoría de los organismos para obtener energía?
a. de la polinización
b. de la transpiración
c. de la fecundación
d. de la respiración celular

_____ **20.** ¿Cuál de las siguientes opciones es un producto derivado de la fotosíntesis?
a. el metano
b. el oxígeno
c. el helio
d. el hidrógeno

_____ **21.** ¿Cuál de los siguientes procesos proporciona el oxígeno necesario para la respiración celular?
a. la fecundación
b. la polinización
c. la fotosíntesis
d. la reproducción

Nombre ______________________ Clase ______________ Fecha ____________

Hoja de destrezas

Lectura dirigida A

Sección: Reproducción de las plantas con flores

FECUNDACIÓN

Completa las siguientes oraciones con los términos de la lista.

polinización fecundación

1. El traslado del polen de las anteras a los estigmas se llama

______________________.

2. La fusión de un gameto masculino y una célula huevo que está dentro del óvulo se llama ______________________.

Consulta la siguiente ilustración para contestar las preguntas 3 a 6. Escribe en el espacio en blanco la letra que corresponde a cada rótulo de la ilustración.

_______ **3.** estigma

_______ **4.** antera

_______ **5.** polen

_______ **6.** estilo

a. ______________

b. ______________

c. ______________

d. ______________

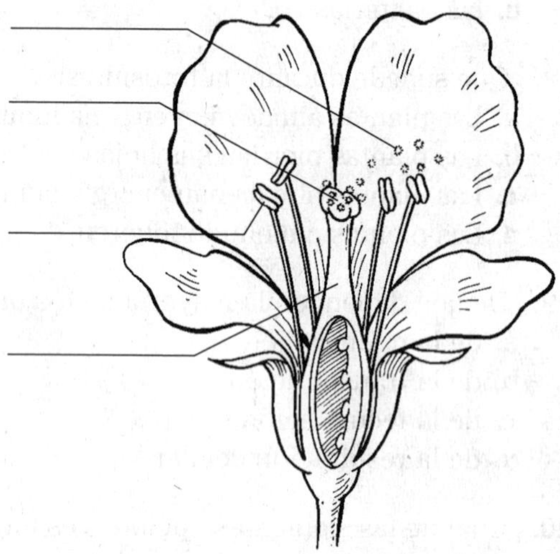

Consulta la siguiente ilustración para contestar las preguntas 7 a 10. Escribe en el espacio en blanco la letra que corresponde a cada rótulo de la ilustración.

_____ **7.** ovario

_____ **8.** gameto masculino

_____ **9.** óvulo que contiene la célula huevo

_____ **10.** tubo de polen

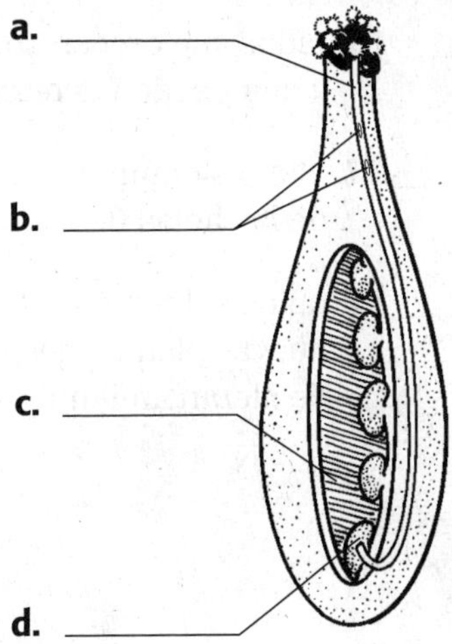

DE LA FLOR AL FRUTO

Completa las siguientes oraciones con los términos de la lista.

óvulo ovario

11. Después de la fecundación, el ____________________ se convierte en una semilla.

12. Después de la fecundación, el ____________________ se convierte en un fruto.

DE LA SEMILLA A LA PLANTA

Completa las siguientes oraciones con los términos de la lista.

temperatura aletargada germinación

13. Una semilla que está inactiva está ____________________.

14. Cada especie de planta tiene una ____________________ ideal a la que la mayoría de sus semillas comienzan a crecer.

15. La mayoría de las semillas necesitan agua, aire y temperaturas cálidas para que se produzca la ____________________.

OTROS MÉTODOS DE REPRODUCCIÓN

Escribe en el espacio en blanco la letra del término que corresponde a cada descripción.

______ **16.** tallos que crecen sobre la superficie de la tierra y que pueden generar nuevas plantas

______ **17.** plantas diminutas que crecen en los bordes de las hojas de las plantas

______ **18.** tallos subterráneos que pueden producir nuevas plantas después de una temporada de aletargamiento

a. tubérculos

b. estolones

c. plántulas

Nombre ______________________ Clase ______________ Fecha __________

Hoja de destrezas

Lectura dirigida A

Sección: Desarrollo y respuestas de las plantas

Escribe en el espacio en blanco la letra del término que corresponde a cada descripción.

_____ **1.** proceso mediante el cual un organismo aumenta sus capacidades o destrezas

_____ **2.** aumento en el tamaño

_____ **3.** término que describe a una célula que desempeña una función específica

a. diferenciada

b. crecimiento

c. desarrollo

DESARROLLO DE LA PLANTA

Escribe la letra de la respuesta correcta en el espacio en blanco.

_____ **4.** ¿Cuál de las siguientes afirmaciones sobre la diferenciación es verdadera?

a. La mayoría de las células animales se diferencian muchas veces.
b. La mayoría de las células animales no pueden diferenciarse.
c. Algunas células vegetales pueden diferenciarse muchas veces.
d. La mayoría de las células vegetales se diferencian una sola vez.

_____ **5.** ¿Cuál de las siguientes opciones hace que las plantas se diferencien en respuesta a los estímulos?

a. las hormonas
b. los estolones
c. las semillas
d. los estomas

Completa las siguientes oraciones con los términos de la lista.

hormona   estímulo

6. Algo que provoca un cambio en un organismo se llama ______________________.

7. Un compuesto químico que hace que las células reaccionen de determinada forma se llama ______________________.

HORMONAS VEGETALES

Función de las hormonas en las plantas

Escribe la letra de la respuesta correcta en el espacio en blanco.

______ **8.** ¿Cuál de las siguientes opciones NO modifica la cantidad de hormonas de un tipo específico que se forman en las células vegetales?
a. la luz
b. la temperatura
c. la fotosíntesis
d. el agua

______ **9.** ¿Cuáles de las siguientes opciones son hormonas que provocan el crecimiento de las plantas hacia la luz?
a. los estigmas
b. las auxinas
c. las semillas
d. las anteras

Uso de hormonas en la agricultura

______ **10.** ¿Cuál de las siguientes opciones es una hormona que se usa para hacer madurar las frutas?
a. el etileno
b. la giberelina
c. la auxina
d. la kinetina

TROPISMOS DE LAS PLANTAS

Completa las siguientes oraciones con los términos de la lista.

tropismo | tropismo positivo | tropismo negativo

11. El crecimiento de una planta en respuesta a un estímulo se llama

______________________.

12. El crecimiento de una planta hacia un estímulo se llama ______________________.

13. El crecimiento de una planta en dirección opuesta a un estímulo se llama

______________________.

Luz

Escribe en el espacio en blanco la letra del término que corresponde a cada descripción.

______ **14.** cambio de dirección en el crecimiento de una planta causado por la luz

______ **15.** cambio en el crecimiento de una planta en respuesta a la dirección de la gravedad

______ **16.** crecimiento hacia arriba en dirección opuesta al centro de la Tierra

______ **17.** crecimiento hacia abajo en dirección hacia el centro de la Tierra

______ **18.** otro nombre para el gravitropismo

a. gravitropismo
b. fototropismo
c. gravitropismo negativo
d. geotropismo
e. gravitropismo positivo

RESPUESTAS A LAS ESTACIONES

Duración del día

Completa las siguientes oraciones con los términos de la lista.

plantas de día corto plantas de día largo

19. Las plantas que florecen cuando las noches son largas se llaman

______________________________.

20. Las plantas que florecen cuando las noches son cortas se llaman

______________________________.

Las estaciones y el color de las hojas

Completa las siguientes oraciones con los términos de la lista.

árboles caducifolios clorofila

21. A medida que se aproxima el otoño, la/los ______________________________ se descompone y aparecen pigmentos anaranjados o amarillos en las hojas.

22. Los cambios estacionales en el color de las hojas se producen comúnmente en la/los ______________________________.

Las estaciones y la caída de las hojas

Escribe en el espacio en blanco la letra del término que corresponde a cada descripción.

______ **23.** árbol que pierde todas sus hojas cada año en la misma época

______ **24.** árbol que pierde algunas de sus hojas durante todo el año

a. árbol perenne

b. árbol caducifolio

Nombre ______________________ Clase ______________ Fecha ____________

Hoja de destrezas

Vocabulario y resumen de la sección A

Fotosíntesis

VOCABULARIO

Define los siguientes términos en tus propias palabras. Usa el espacio en blanco correspondiente.

1. fotosíntesis

____

____

2. clorofila

____

____

3. respiración celular

____

____

4. estoma

____

____

5. transpiración

____

____

RESUMEN DE LA SECCIÓN

Lee el siguiente resumen de la sección.

- Los cloroplastos y las mitocondrias son organelos importantes en las células vegetales.
- Durante la fotosíntesis, las plantas utilizan la energía de la luz solar, dióxido de carbono y agua para producir glucosa y oxígeno.
- Las plantas obtienen energía del alimento a través de la respiración celular, la cual usa oxígeno y libera dióxido de carbono y agua.
- La transpiración, o pérdida de agua por las hojas, se produce cuando los estomas están abiertos.

Nombre ______________________ Clase ______________ Fecha ____________

Hoja de destrezas

Vocabulario y resumen de la sección A

Reproducción de las plantas con flores

VOCABULARIO

Define el siguiente término en tus propias palabras. Usa el espacio en blanco correspondiente.

1. aletargado

____

____

____

RESUMEN DE LA SECCIÓN

Lee el siguiente resumen de la sección.

- En la reproducción sexual de las plantas con flores, un gameto masculino fecunda una célula huevo.
- Después de la fecundación, se forman las semillas y los frutos. Las semillas pueden germinar y transformarse en nuevas plantas.
- Una semilla aletargada puede sobrevivir a las sequías y temperaturas de congelación. Algunas semillas necesitan condiciones extremas para salir del aletargamiento.
- Algunas plantas se reproducen en forma asexual a través de plántulas, tubérculos o estolones.

Nombre ______________________ Clase ______________ Fecha __________

Hoja de destrezas

Vocabulario y resumen de la sección A

Desarrollo y respuestas de las plantas

VOCABULARIO

Define los siguientes términos en tus propias palabras. Usa el espacio en blanco correspondiente.

1. estímulo

____

____

____

2. tropismo

____

____

____

RESUMEN DE LA SECCIÓN

Lee el siguiente resumen de la sección.

- Algunas células vegetales son capaces de diferenciarse muchas veces durante la vida de la planta.
- Existen muchos grupos de hormonas vegetales. Estas hormonas pueden afectar el crecimiento y el desarrollo de una planta.
- El crecimiento en respuesta a un estímulo se llama tropismo. Los tropismos son positivos o negativos.
- Las plantas reaccionan a la luz, a la gravedad y a los cambios de estación.
- Las plantas de día corto florecen cuando la noche es larga. Las plantas de día largo florecen cuando la noche es corta.

Nombre ______________________ Clase ____________ Fecha __________

Hoja de destrezas

Lectura dirigida A

Sección: ¿Qué es un animal?

CARACTERÍSTICAS DE LOS ANIMALES

Escribe la letra de la respuesta correcta en el espacio en blanco.

_______ **1.** ¿Cuál de las siguientes opciones es un animal?
a. un árbol
b. una flor
c. una esponja
d. un hongo

Constitución pluricelular

_______ **2.** ¿Por qué se llama organismos “pluricelulares” a todos los animales?
a. Porque sus células tienen paredes celulares.
b. Porque tienen células más grandes que las de las plantas.
c. Porque están formados por muchas células.
d. Porque sus células no tienen pared celular.

La organización en los animales

_______ **3.** ¿Cuál de las siguientes opciones es un grupo de células del mismo tipo que trabajan juntas?
a. aparato o sistema de órganos
b. organismo
c. órgano
d. tejido

_______ **4.** ¿Qué son el corazón, los pulmones y los riñones?
a. órganos
b. células
c. tejidos
d. aparatos o sistemas de órganos

_______ **5.** ¿Cuál de las siguientes opciones es un grupo de órganos que trabajan juntos?
a. tejido
b. aparato o sistema de órganos
c. corazón
d. célula

Planes corporales

Escribe en el espacio en blanco la letra del término que corresponde a cada descripción.

_______ **6.** plan corporal organizado alrededor del centro

_______ **7.** plan corporal con dos lados simétricos

_______ **8.** plan corporal sin simetría

_______ **9.** cavidad corporal que protege varios órganos

a. celoma
b. simetría bilateral
c. asimétrico
d. simetría radial

Obtener energía

Escribe la letra de la respuesta correcta en el espacio en blanco.

_______ **10.** ¿Cuál de las siguientes opciones es un organismo que se alimenta de otros organismos?
a. un órgano
b. una planta
c. un consumidor
d. un celoma

Reproducción

_______ **11.** ¿Qué tipo de reproducción produce descendencia genéticamente idéntica a los progenitores?
a. la reproducción sexual
b. la diferenciación
c. la reproducción asexual
d. la fecundación

_______ **12.** ¿Cuáles son dos tipos de reproducción asexual?
a. la gemación y la fragmentación
b. la diferenciación y la fecundación
c. la fragmentación y la diferenciación
d. el espermatozoide y el embrión

_______ **13.** ¿Cuál es el proceso durante el cual el núcleo de un óvulo se une al núcleo de un espermatozoide?
a. fragmentación
b. diferenciación
c. fecundación
d. gemación

Desarrollo

_______ **14.** ¿Cómo se llama un óvulo fecundado que se ha dividido en muchas células?
a. brote
b. fragmento
c. espermatozoide
d. embrión

_______ **15.** ¿Cuál es el proceso mediante el cual las células desarrollan estructuras según su función?
a. reproducción
b. diferenciación
c. fragmentación
d. fecundación

Movimiento

_______ **16.** ¿Cómo se mueve una anémona de mar joven para encontrar su alimento?
a. Se deja llevar por las corrientes del océano.
b. Vuela con sus alas.
c. Camina con sus tentáculos.
d. Rueda sobre el fondo del océano.

_______ **17.** ¿Qué hace posible la mayoría de los movimientos de los animales?
a. los glóbulos rojos
b. los glóbulos blancos
c. las células musculares
d. las paredes celulares

Mantener la temperatura corporal

_______ **18.** ¿Cómo se llaman los animales que mantienen su propia temperatura corporal internamente?
a. de sangre fría
b. endotermos
c. ectotermos
d. exoesqueletos

_______ **19.** ¿Cómo se llaman los animales cuya temperatura corporal depende del ambiente?
a. seres humanos
b. de sangre caliente
c. ectotermos
d. endotermos

Nombre ______________________ Clase ______________ Fecha ____________

Hoja de destrezas

Lectura dirigida A

Sección: El reino animal

DIVERSIDAD ANIMAL

Escribe la letra de la respuesta correcta en el espacio en blanco.

_______ **1.** ¿Cuántas especies de animales han identificado los científicos?
- **a.** 1 millón
- **b.** 3 millones
- **c.** 5 millones
- **d.** 1,000 millones

_______ **2.** ¿Qué grupo de animales es el más grande?
- **a.** mamíferos
- **b.** moluscos
- **c.** anélidos
- **d.** artrópodos

CLASIFICACIÓN

_______ **3.** ¿Cuál de las siguientes opciones NO es información que usan los científicos para organizar a los animales en grupos?
- **a.** estructura
- **b.** relaciones evolutivas
- **c.** preferencias personales
- **d.** ADN

_______ **4.** ¿En qué categoría entran todos los animales, excepto la mayoría de la familia de los cordados?
- **a.** protistas
- **b.** invertebrados
- **c.** rotíferos
- **d.** anélidos

CARACTERÍSTICAS DE LOS INVERTEBRADOS

_______ **5.** ¿Cuál de las siguientes partes del cuerpo NO se encuentra en los invertebrados?
- **a.** los músculos
- **b.** el corazón
- **c.** el encéfalo
- **d.** los huesos

Esponjas

______ **6.** ¿Qué tipo de plan corporal tiene una esponja?
a. simétrico
b. de simetría bilateral
c. asimétrico
d. de simetría radial

______ **7.** ¿Cómo se reproducen las esponjas?
a. por gemación
b. sólo asexualmente
c. sólo sexualmente
d. por fragmentación y sexualmente

Cnidarios

Escribe en el espacio en blanco la letra del término que corresponde a cada descripción.

______ **8.** una clase de cnidario

______ **9.** un cuerpo en forma de taza o campana desde el que se extienden tentáculos

______ **10.** una forma corporal que se adhiere a superficies duras por la base de la taza

______ **11.** una célula urticante especializada

a. pólipo
b. medusa
c. hidrozoario
d. cnidocito

Gusanos planos

Escribe la letra de la respuesta correcta en el espacio en blanco.

______ **12.** ¿Cuál de las siguientes opciones es la forma más simple de gusano?
a. la lombriz intestinal
b. el gusano plano
c. el anélido
d. el cnidario

______ **13.** ¿Qué tipo de plan corporal tiene un gusano plano?
a. simétrico
b. de simetría bilateral
c. asimétrico
d. de simetría radial

Lectura dirigida A *(continuación)*

Lombrices intestinales

_______ **14.** ¿Cuál de las siguientes opciones tienen las lombrices intestinales que las diferencia de los gusanos planos?
- **a.** simetría radial
- **b.** paredes celulares
- **c.** cnidositos
- **d.** un celoma

Moluscos

_______ **15.** ¿Cuál de las siguientes afirmaciones sobre el manto NO es verdadera?
- **a.** Segrega veneno.
- **b.** Está en los moluscos.
- **c.** Es un tejido especializado.
- **d.** Segrega los caparazones.

_______ **16.** ¿En qué ha evolucionado el pie muscular en los pulpos?
- **a.** en mandíbulas
- **b.** en tentáculos
- **c.** en ojos
- **d.** en orejas

Anélidos

_______ **17.** ¿Cuál de las siguientes opciones tienen los anélidos?
- **a.** órganos sexuales masculinos
- **b.** órganos sexuales masculinos y femeninos
- **c.** órganos sexuales femeninos
- **d.** ningún órgano sexual

Artrópodos

_______ **18.** ¿Cuál es el grupo más diverso del reino animal?
- **a.** los moluscos
- **b.** los artrópodos
- **c.** los anélidos
- **d.** los equinodermos

_______ **19.** ¿Cómo se llama la armadura externa y dura de un artrópodo?
- **a.** exoesqueleto
- **b.** endoesqueleto
- **c.** manto
- **d.** segmento

Equinodermos

_______ **20.** ¿Cuál de los siguientes planos corporales tienen los equinodermos?
- **a.** simetría radial mientras son larvas; simetría bilateral cuando son adultos
- **b.** simetría radial cuando son larvas y también cuando son adultos
- **c.** simetría bilateral cuando son larvas y también cuando son adultos
- **d.** simetría bilateral mientras son larvas; simetría radial cuando son adultos

_______ **21.** ¿Qué tipo de reproducción usa una estrella de mar que regenera a un individuo completo a partir de un brazo cortado?
- **a.** sexual
- **b.** gemación
- **c.** asexual
- **d.** fecundación

CARACTERÍSTICAS DE LOS VERTEBRADOS

_______ **22.** ¿Cómo se llama el bastoncillo duro pero flexible que sostiene el cuerpo de un cordado?
- **a.** espina
- **b.** notocordio
- **c.** columna vertebral
- **d.** vértebras

_______ **23.** ¿Como se llaman los animales que tienen columna vertebral?
- **a.** equinodermos
- **b.** invertebrados
- **c.** vertebrados
- **d.** artrópodos

_______ **24.** ¿Cómo se llama la columna fuerte pero flexible de unidades óseas individuales o vértebras?
- **a.** columna vertebral
- **b.** manto
- **c.** médula espinal
- **d.** notocordio

_______ **25.** ¿Cómo se llama el esqueleto interno formado por huesos y cartílagos?
- **a.** manto
- **b.** endoesqueleto
- **c.** exoesqueleto
- **d.** caparazón

_______ **26.** ¿Cuáles son los cinco grupos principales de vertebrados?
- **a.** insectos, gusanos, aves, peces, mamíferos
- **b.** moluscos, anélidos, erizos de mar, serpientes, seres humanos
- **c.** peces, anfibios, reptiles, aves, mamíferos
- **d.** insectos, reptiles, aves, mamíferos, seres humanos

Peces

Escribe en el espacio en blanco la letra del término que corresponde a cada descripción.

_______ **27.** tienen un esqueleto de tejido flexible

_______ **28.** tienen un esqueleto óseo

a. peces óseos

b. peces cartilaginosos

Anfibios

Escribe la letra de la respuesta correcta en el espacio en blanco.

_______ **29.** ¿Por qué la mayoría de los anfibios viven cerca del agua dulce?
a. porque sus huevos y larvas necesitan agua para sobrevivir
b. porque respiran a través de sus branquias
c. porque tienen piel seca y necesitan agua
d. porque es el único lugar donde hay alimento

_______ **30.** ¿Cómo se llaman los anfibios tropicales que viven bajo los troncos y en madrigueras?
a. ranas
b. renacuajos
c. cecilias
d. salamandras

Reptiles

_______ **31.** ¿Cuál de las siguientes opciones es una razón por la que la mayoría de los reptiles viven en la tierra?
a. No pueden nadar.
b. Su piel debe mantenerse seca.
c. No necesitan agua para poner huevos.
d. Todos se alimentan de otros vertebrados.

Aves

_______ **32.** ¿Cuál de las siguientes características se encuentra sólo en las aves?
a. Pueden volar.
b. Tienen plumas.
c. Son endotérmicas.
d. Se reproducen por reproducción sexual.

_______ **33.** ¿Qué ave usa sus alas para nadar?
a. el pingüino
b. el emú
c. el pato
d. el avestruz

Mamíferos

Escribe en el espacio en blanco la letra del término que corresponde a cada descripción.

_______ **34.** un mamífero que pone huevos con cáscara

_______ **35.** un mamífero con crías que terminan de desarrollarse dentro de la bolsa de la madre

_______ **36.** un mamífero con un órgano que intercambia desechos y nutrientes con las crías en gestación

a. placentario

b. marsupial

c. monotrema

Nombre ______________________ Clase ______________ Fecha ____________

Hoja de destrezas

Lectura dirigida A

Sección: Invertebrados

CARACTERÍSTICAS DE LOS INVERTEBRADOS

Escribe la letra de la respuesta correcta en el espacio en blanco.

_______ **1.** ¿En qué se parecen todos los invertebrados?
- **a.** Se alimentan por la boca.
- **b.** Viven en el agua.
- **c.** No tienen columna vertebral.
- **d.** Tienen forma similar.

Simetría corporal

Escribe en el espacio en blanco la letra del término que corresponde a cada descripción.

_______ **2.** Se pueden dibujar muchas líneas que pasan por el centro del cuerpo.

_______ **3.** Las dos mitades del cuerpo son idénticas.

_______ **4.** Describe una forma irregular.

- **a.** simetría radial
- **b.** simetría bilateral
- **c.** asimétrica

Segmentación

Escribe la letra de la respuesta correcta en el espacio en blanco.

_______ **5.** ¿Cuál de las siguientes opciones es parte de una estructura más grande determinada por ciertos límites?
- **a.** cabeza
- **b.** tórax
- **c.** cuerpo
- **d.** segmento

Sostén del cuerpo

_______ **6.** ¿Qué tipo de sostén corporal tiene una langosta de mar?
- **a.** piel gruesa
- **b.** estructuras vidriosas
- **c.** exoesqueleto
- **d.** endoesqueleto

Aparatos respiratorio y circulatorio

Escribe en el espacio en blanco la letra del término que corresponde a cada descripción.

______ **7.** un sistema que incorpora oxígeno y libera dióxido de carbono

______ **8.** una red de tubos dentro del cuerpo de los insectos que realiza la respiración

______ **9.** un sistema que transporta oxígeno, dióxido de carbono y nutrientes por el cuerpo

a. aparato circulatorio
b. aparato respiratorio
c. tráquea

Escribe en el espacio en blanco la letra del término que corresponde a cada descripción.

______ **10.** un fluido que transporta sustancias por el cuerpo

______ **11.** un sistema en el que la sangre circula por espacios abiertos

______ **12.** un sistema en el que la sangre circula dentro de circuitos cerrados

a. aparato circulatorio abierto
b. aparato circulatorio cerrado
c. sangre

Aparatos digestivo y excretor

Escribe en el espacio en blanco la letra del término que corresponde a cada descripción.

______ **13.** Este aparato suministra energía a los animales al digerir los alimentos.

______ **14.** La boca y el ano son los dos extremos de este tubo.

______ **15.** Este aparato elimina los desechos y el exceso de agua de las células.

a. tracto digestivo
b. aparato digestivo
c. aparato excretor

Sistemas nerviosos

Escribe en el espacio en blanco la letra del término que corresponde a cada descripción.

______ **16.** recibe y envía señales eléctricas que controlan todas las funciones del cuerpo

______ **17.** actúa como el centro de control del cuerpo

______ **18.** reúne información desde el exterior del cuerpo

a. órgano sensorial
b. cerebro
c. sistema nervioso

Reproducción y desarrollo

Escribe en el espacio en blanco la letra del término que corresponde a cada descripción.

______ **19.** Una parte del organismo progenitor se transforma en un nuevo organismo, se separa del progenitor y vive independientemente.

______ **20.** Una parte del organismo progenitor se separa y se desarrolla como un nuevo individuo que es idéntico al organismo original.

a. gemación

b. fragmentación

Metamorfosis completa

Escribe en el espacio en blanco la letra del término que corresponde a cada descripción.

______ **21.** un proceso del ciclo de vida durante el cual ocurre un cambio rápido de la forma inmadura del organismo a la forma adulta

______ **22.** un proceso complejo de transformación del ciclo de vida que tiene cuatro fases: huevo, larva, pupa y adulto

a. metamorfosis

b. metamorfosis completa

Metamorfosis incompleta

Escribe la letra de la respuesta correcta en el espacio en blanco.

______ **23.** ¿Cuáles son las etapas de la metamorfosis incompleta?

a. huevo, larva, pupa, adulto
b. larva, pupa, adulto
c. huevo, ninfa, adulto
d. pupa, ninfa, adulto

______ **24.** ¿Qué les sucede a algunos insectos que cambian el exoesqueleto a medida que crecen?

a. mudan
b. se pelan
c. se descascaran
d. se comban

Nombre ______________________ Clase ______________ Fecha ____________

Hoja de destrezas

Lectura dirigida A

Sección: Vertebrados

CARACTERÍSTICAS DE LOS VERTEBRADOS

Escribe la letra de la respuesta correcta en el espacio en blanco.

_______ **1.** ¿Cuál de las siguientes características se encuentra sólo en los vertebrados?
- **a.** la cabeza
- **b.** las proteínas
- **c.** los tejidos
- **d.** la columna vertebral

_______ **2.** ¿Cuál de las siguientes opciones es un tejido conectivo flexible y resistente?
- **a.** cartílago
- **b.** hueso
- **c.** cráneo
- **d.** vértebras

Simetría corporal

Escribe en el espacio en blanco la letra del término que corresponde a cada descripción.

_______ **3.** la espalda

_______ **4.** el vientre

_______ **5.** la cabeza

_______ **6.** la cola

a. dorsal
b. anterior
c. posterior
d. ventral

Cubiertas corporales

Escribe en el espacio en blanco la letra del término que corresponde a cada descripción.

_______ **7.** cubierta corporal de peces y reptiles

_______ **8.** fluido resbaladizo que cubre a los anfibios y a los peces

_______ **9.** cubierta corporal que mantiene estable la temperatura de las aves

_______ **10.** cubierta corporal que mantiene estable la temperatura de los mamíferos

a. plumas
b. pelaje y pelo
c. escamas
d. mucosidad

Sostén del cuerpo

Escribe en el espacio en blanco la letra del término que corresponde a cada descripción.

______ **11.** rodea y protege el cerebro

______ **12.** rodea y protege la médula espinal

______ **13.** proporciona el lugar en el que se adhiere el tejido muscular

a. columna vertebral

b. huesos de las extremidades

c. cráneo

Aparatos respiratorios

Escribe la letra de la respuesta correcta en el espacio en blanco.

______ **14.** ¿Cuál es el principal órgano respiratorio de los peces?
- **a.** los pulmones
- **b.** el torrente sanguíneo
- **c.** las branquias
- **d.** las escamas

______ **15.** ¿Por qué están dentro del cuerpo los principales órganos respiratorios de los vertebrados terrestres?
- **a.** para mantenerlos limpios
- **b.** para evitar que se sequen
- **c.** para protegerlos de infecciones
- **d.** para proporcionar sostén al cuerpo

______ **16.** ¿Cuál es el principal órgano respiratorio de una rana?
- **a.** la mucosidad
- **b.** el aparato circulatorio
- **c.** las branquias
- **d.** los pulmones

Aparatos circulatorios

______ **17.** ¿Qué impulsa a la sangre por el aparato circulatorio cerrado de un vertebrado?
- **a.** los pulmones
- **b.** el corazón
- **c.** los vasos sanguíneos
- **d.** las arterias

______ **18.** ¿Cuál de las siguientes opciones son los vasos sanguíneos que transportan la sangre hacia el corazón y desde éste hacia el resto del cuerpo?
- **a.** arterias; venas
- **b.** venas; capilares
- **c.** capilares; venas
- **d.** venas; arterias

_______ **19.** ¿Dónde pasa el oxígeno a la sangre de los vertebrados terrestres?
a. en el corazón
b. en las venas
c. en el cerebro
d. en las branquias o pulmones

Aparatos digestivo y excretor

Escribe en el espacio en blanco la letra del término que corresponde a cada descripción.

_______ **20.** el tubo largo del aparato digestivo

_______ **21.** el órgano que descompone los alimentos y absorbe los nutrientes

_______ **22.** el órgano que convierte los desechos en heces

_______ **23.** el órgano que filtra la urea de la sangre

a. intestino delgado
b. tracto digestivo
c. intestino grueso
d. riñones

Sistemas nerviosos

Escribe la letra de la respuesta correcta en el espacio en blanco.

_______ **24.** ¿Qué pasa cuando un sonido llega al oído?
a. El oído interpreta las ondas sonoras.
b. El oído envía impulsos al cerebro a través de los nervios sensoriales.
c. El oído envía ondas sonoras a través del aparato circulatorio.
d. El oído bloquea las ondas sonoras para proteger al cerebro.

_______ **25.** ¿Cuál de las siguientes opciones envía impulsos con órdenes desde el cerebro?
a. las arterias
b. los nervios sensoriales
c. las venas
d. los nervios motores

Reproducción y desarrollo

_______ **26.** ¿Cómo se reproducen la mayoría de los vertebrados?
a. mediante la reproducción sexual
b. mediante la reproducción asexual
c. mediante la gemación
d. mediante la fragmentación

_______ **27.** ¿Qué proceso tiene lugar en las células de un embrión a medida que se desarrolla?
a. la fusión
b. la fecundación
c. la diferenciación
d. la metamorfosis

______ **28.** ¿Cuál de las siguientes afirmaciones sobre las larvas de los peces y anfibios NO es verdadera?
a. Se incuban en agua.
b. Se reproducen.
c. No se reproducen.
d. Viven por sus propios medios.

______ **29.** ¿Cuáles de los siguientes animales tienen una fase larval en su ciclo vital?
a. los reptiles
b. los anfibios
c. las aves
d. los mamíferos

Cuidado de los progenitores

______ **30.** ¿Qué diferencia hay entre el cuidado que les dan a las crías las aves y los mamíferos y el cuidado que les dan a las crías los peces y los reptiles?
a. Las aves y los mamíferos tienen más crías, y por lo tanto las cuidan durante más tiempo.
b. Las aves y los mamíferos tienen menos crías, y por lo tanto las cuidan durante más tiempo.
c. Sólo los peces y los reptiles cuidan a sus crías hasta que son adultas.
d. Sólo las aves y los mamíferos abandonan a sus crías al nacer.

Nombre ______________________ Clase ______________ Fecha ____________

Hoja de destrezas

Vocabulario y resumen de la sección A

¿Qué es un animal?

VOCABULARIO

Define los siguientes términos en tus propias palabras. Usa el espacio en blanco correspondiente.

1. celoma

____

____

____

2. consumidor

____

____

____

3. diferenciación

____

____

____

RESUMEN DE LA SECCIÓN

Lee el siguiente resumen de la sección.

- Todos los animales son organismos pluricelulares. Las células especializadas de los animales se organizan en tejidos, órganos y aparatos o sistemas de órganos.
- La mayoría de los animales tienen simetría bilateral o simetría radial. Algunos son asimétricos.
- Los animales consumen otros organismos para obtener energía.
- Los animales se reproducen por reproducción asexual o reproducción sexual.
- A medida que un embrión se desarrolla, sus células se diferencian.
- Los animales se mueven de muchas maneras.
- Los animales que mantienen su propia temperatura corporal son endotermos. Los animales que dependen del ambiente para mantener su temperatura corporal son ectotermos.

Nombre ______________________ Clase ______________ Fecha ____________

Hoja de destrezas

Vocabulario y resumen de la sección A

El reino animal

VOCABULARIO

Define los siguientes términos en tus propias palabras. Usa el espacio en blanco correspondiente.

1. invertebrado

____

____

2. exoesqueleto

____

____

3. vertebrado

____

____

4. endoesqueleto

____

____

RESUMEN DE LA SECCIÓN

Lee el siguiente resumen de la sección.

- El reino animal se puede dividir en dos grupos principales: los invertebrados y los vertebrados. Los invertebrados no tienen columna vertebral. Los vertebrados, sí.
- Las esponjas, los cnidarios, los gusanos planos, las lombrices intestinales, los moluscos, los anélidos, los artrópodos y los equinodermos son grupos de invertebrados.
- Los peces, los anfibios, los reptiles, las aves y los mamíferos son grupos de vertebrados.
- Los cuerpos de los invertebrados pueden ser asimétricos o tener simetría radial o simetría bilateral. Algunos invertebrados tienen diferente simetría corporal en diferentes etapas de su ciclo vital.
- La mayoría de los cuerpos de los vertebrados tienen simetría bilateral.
- Muchos invertebrados se reproducen mediante reproducción asexual y reproducción sexual. La mayoría de los vertebrados se reproducen sólo por reproducción sexual.

Nombre ______________________ Clase ____________ Fecha __________

Hoja de destrezas

Vocabulario y resumen de la sección A

Invertebrados

VOCABULARIO

Define los siguientes términos en tus propias palabras. Usa el espacio en blanco correspondiente.

1. segmento

____

____

2. aparato circulatorio abierto

____

____

3. aparato circulatorio cerrado

____

____

4. metamorfosis

____

____

RESUMEN DE LA SECCIÓN

Lee el siguiente resumen de la sección.

- Los cuerpos de los invertebrados son asimétricos, tienen simetría radial o tienen simetría bilateral.
- Los cuerpos de muchos invertebrados están divididos en segmentos.
- Los invertebrados tienen cubiertas protectoras externas que proporcionan sostén y son el lugar en el que se adhieren los músculos.
- Los invertebrados pueden tener muchos aparatos o sistemas de órganos básicos, como un aparato respiratorio, un aparato circulatorio, un aparato digestivo, un aparato excretor, un sistema nervioso y un aparato reproductor.
- Los invertebrados se reproducen de manera asexual y sexual. Los invertebrados se desarrollan de embriones a larvas y de larvas a adultos.

Nombre ______________________ Clase ______________ Fecha ____________

Hoja de destrezas

Vocabulario y resumen de la sección A

Vertebrados

VOCABULARIO

Define los siguientes términos en tus propias palabras. Usa el espacio en blanco correspondiente.

1. cartílago

____

____

____

2. intestino delgado

____

____

____

3. intestino grueso

____

____

____

RESUMEN DE LA SECCIÓN

Lee el siguiente resumen de la sección.

- La piel protege al cuerpo del entorno. La piel de los vertebrados puede estar cubierta por escamas, plumas o pelaje.
- La mayoría de los vertebrados tienen un endoesqueleto de hueso. El endoesqueleto proporciona sostén, protección y un lugar en el que se adhieren los músculos.
- Los principales aparatos o sistemas de órganos de los vertebrados son el aparato respiratorio, el aparato circulatorio, el aparato digestivo, el aparato excretor, el sistema nervioso y el aparato reproductor.
- Las células de los embriones se diferencian y especializan a medida que el embrión se desarrolla.
- El cuidado que los progenitores dan a sus crías varía entre las especies de vertebrados.

Nombre ______________________ Clase ______________ Fecha ____________

Hoja de destrezas

Lectura dirigida A

Sección: Organización del cuerpo

UN MEDIO INTERNO ESTABLE

Escribe la letra de la respuesta correcta en el espacio en blanco.

______ **1.** ¿Qué es la homeostasis?
- **a.** el mantenimiento de un medio estable dentro del cuerpo
- **b.** un medio inestable dentro del cuerpo
- **c.** igualar la temperatura del cuerpo a la del ambiente exterior
- **d.** un proceso que destruye células

______ **2.** ¿Qué puede ocurrir si se interrumpe la homeostasis?
- **a.** Las células descansan.
- **b.** Las células trabajan en conjunto.
- **c.** Las células pueden dañarse o morir.
- **d.** Las células eliminan los desechos.

CÉLULAS, TEJIDOS Y ÓRGANOS

______ **3.** ¿Cuál de las siguientes afirmaciones sobre el mantenimiento de la homeostasis es cierta?
- **a.** Las células no cumplen ningún papel.
- **b.** Las células cumplen un papel menor.
- **c.** Sólo participan ciertas células.
- **d.** Todas las células cumplen un papel.

Las células forman tejidos

______ **4.** ¿Cuál de las siguientes afirmaciones sobre las células diferenciadas NO es verdadera?
- **a.** Las funciones de las células son las mismas que las de otros tipos de células.
- **b.** Las funciones de las células son especializadas.
- **c.** Las células tienen estructuras específicas.
- **d.** Las células musculares y las epiteliales son ejemplos de ese tipo de células.

______ **5.** ¿Cómo se denomina un grupo de células similares que trabajan en conjunto?
- **a.** equipo de células
- **b.** tejido
- **c.** familia de células
- **d.** aparato o sistema

Lectura dirigida A *(continuación)*

Escribe en el espacio en blanco la letra del término que corresponde a cada descripción.

_______ **6.** aísla los órganos

_______ **7.** cubre y protege los tejidos

_______ **8.** envía mensajes a partes del cuerpo

_______ **9.** te ayuda a moverte

a. tejido nervioso
b. tejido muscular
c. tejido epitelial
d. tejido conectivo

Los tejidos forman órganos

Escribe en el espacio en blanco la letra del término que corresponde a cada descripción.

_______ **10.** Es un grupo de tejidos que trabajan en conjunto.

_______ **11.** El estómago lo usa para descomponer los alimentos.

_______ **12.** Ayuda a coordinar los movimientos del estómago

_______ **13.** Recubre el interior del estómago.

a. tejido muscular
b. órgano
c. tejido epitelial
d. tejido nervioso

Los órganos forman aparatos y sistemas

Escribe la letra de la respuesta correcta en el espacio en blanco.

_______ **14.** Los órganos que trabajan en conjunto forman parte de
a. una célula.
b. un tejido.
c. un aparato o sistema de órganos.
d. un músculo.

Escribe en el espacio en blanco la letra del término que corresponde a cada descripción.

_______ **15.** Incluye el corazón, la sangre y los vasos sanguíneos.

_______ **16.** Elimina los desechos de la sangre.

_______ **17.** Envía mensajes químicos.

_______ **18.** Incluye la piel, el cabello y las uñas.

a. aparato cardiovascular
b. sistema endocrino
c. sistema integumentario
d. sistema urinario

Escribe en el espacio en blanco la letra del término que corresponde a cada descripción.

_______ **19.** Produce espermatozoides.

_______ **20.** Sostiene y protege partes del cuerpo.

_______ **21.** Elimina bacterias y virus.

_______ **22.** Toma oxígeno del aire y libera dióxido de carbono.

a. sistema esquelético
b. sistema linfático
c. aparato reproductor masculino
d. aparato respiratorio

Escribe en el espacio en blanco la letra del término que corresponde a cada descripción.

_______ **23.** Descompone los alimentos en sustancias que el cuerpo puede usar.

_______ **24.** Ayuda al cuerpo a moverse.

_______ **25.** Protege al feto.

_______ **26.** Envía y recibe mensajes eléctricos.

a. aparato reproductor femenino
b. aparato digestivo
c. sistema nervioso
d. sistema muscular

APARATOS DE ÓRGANOS QUE TRABAJAN EN CONJUNTO

Escribe la letra de la respuesta correcta en el espacio en blanco.

_______ **27.** ¿De qué manera los aparatos cardiovascular y respiratorio ayudan a mantener la homeostasis?
a. Digieren los alimentos.
b. Transportan oxígeno a las células y eliminan dióxido de carbono.
c. Almacenan desechos.
d. Incluyen el estómago.

Interdependencia de los aparatos de órganos

_______ **28.** ¿En qué par de aparatos o sistemas de órganos realiza funciones el páncreas?
a. respiratorio y cardiovascular
b. digestivo y endocrino
c. nervioso y esquelético
d. nervioso e integumentario

Cuando los sistemas fallan

_______ **29.** ¿Qué es probable que ocurra si un aparato o sistema de órganos falla?
a. Otros aparatos y sistemas de órganos funcionarán normalmente.
b. Otros aparatos y sistemas de órganos arreglarán el sistema que falló.
c. Todo el organismo se ve afectado.
d. El organismo no queda demasiado afectado.

Nombre ______________________________ Clase ________________ Fecha ____________

Hoja de destrezas

Lectura dirigida A

Sección: Sistema esquelético

HUESOS

Escribe en el espacio en blanco la letra del término que corresponde a cada descripción.

______ **1.** Forma el sistema esquelético junto con los huesos y el tejido conectivo.

______ **2.** Protegen el corazón y los pulmones.

______ **3.** Se almacenan en los huesos.

______ **4.** Forma células sanguíneas.

a. minerales
b. cartílago
c. costillas
d. médula

Estructura ósea

Escribe la letra de la respuesta correcta en el espacio en blanco.

______ **5.** ¿Qué palabras describen a un hueso compacto?
a. blando y húmedo
b. rígido y denso
c. seco y quebradizo
d. redondo y hueco

______ **6.** ¿Qué se puede encontrar dentro de un hueso compacto?
a. pequeños vasos sanguíneos
b. espacios abiertos
c. médula
d. tejido blando

______ **7.** El hueso esponjoso tiene mucha cantidad de
a. vasos sanguíneos.
b. células muertas.
c. agua.
d. espacios abiertos.

______ **8.** ¿Qué tipo de tejido óseo les da a los huesos la mayor parte de su fuerza y sostén?
a. hueso compacto
b. hueso esponjoso
c. médula roja
d. médula amarilla

Consulta la siguiente imagen para responder a las preguntas 9 a 11. Escribe la letra de la respuesta correcta en el espacio en blanco.

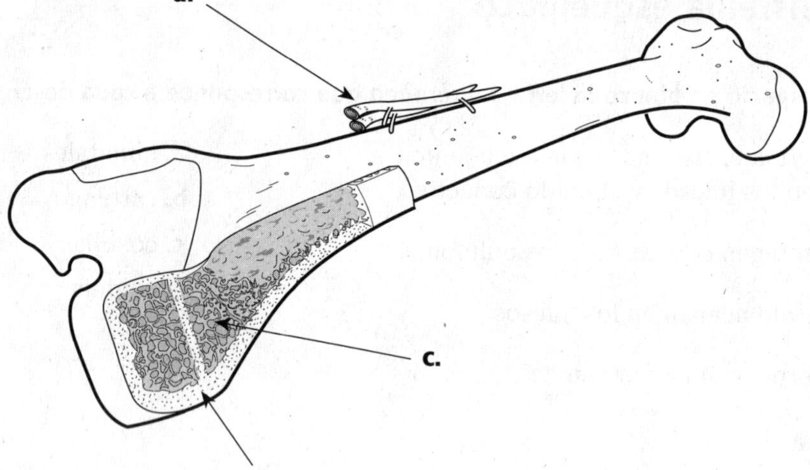

______ **9.** hueso esponjoso

______ **10.** hueso compacto

______ **11.** vasos sanguíneos

Crecimiento del hueso

Escribe la letra de la respuesta correcta en el espacio en blanco.

______ **12.** ¿De qué está formado el esqueleto en su mayor parte cuando nacemos?
- **a.** médula
- **b.** hueso compacto
- **c.** cartílago
- **d.** hueso esponjoso

ARTICULACIONES

Escribe en el espacio en blanco la letra del término que corresponde a cada descripción.

______ **13.** Te permite extender y doblar la pierna.

______ **14.** Te permite mover el brazo en todas direcciones.

______ **15.** Te permite mover la muñeca.

- **a.** articulación deslizante
- **b.** articulación en bisagra
- **c.** articulación de rótula

Escribe en el espacio en blanco la letra del término que corresponde a cada descripción.

_______ **16.** lugar donde se unen dos o más huesos

_______ **17.** acolchona el área donde se unen dos o más huesos

_______ **18.** banda de tejido elástico que conecta los huesos

_______ **19.** tipo de articulación en la cual los huesos se mueven muy poco

a. ligamento
b. articulación fija
c. articulación
d. cartílago

LESIONES Y ENFERMEDADES DEL SISTEMA ESQUELÉTICO

Escribe en el espacio en blanco la letra del término que corresponde a cada descripción.

_______ **20.** lesión en la que uno o más huesos se han movido fuera de lugar

_______ **21.** lesión en la que un ligamento se estira demasiado o se rompe

_______ **22.** enfermedad en la que los huesos se debilitan y se ablandan

_______ **23.** enfermedad en la que las articulaciones duelen y se endurecen

a. esguince
b. artritis
c. osteoporosis
d. articulación dislocada

Nombre ______________________ Clase ______________ Fecha ____________

Hoja de destrezas

Lectura dirigida A

Sección: Sistema muscular

TIPOS DE MÚSCULOS

Escribe la letra de la respuesta correcta en el espacio en blanco.

______ **1.** ¿Qué parte del cuerpo tiene músculo liso?
a. el tracto digestivo
b. la médula espinal
c. el corazón
d. la piel

______ **2.** ¿Qué parte del cuerpo tiene músculo cardíaco?
a. el estómago
b. el cerebro
c. el corazón
d. la nariz

______ **3.** ¿A qué partes del cuerpo está conectado el músculo esquelético?
a. a los pulmones
b. a los huesos
c. a las orejas
d. a los ojos

______ **4.** ¿Cómo se denomina la acción muscular que puedes controlar?
a. voluntaria
b. involuntaria
c. liviana
d. pesada

______ **5.** ¿Cómo se denomina la acción muscular que no puedes controlar?
a. voluntaria
b. involuntaria
c. liviana
d. pesada

MOVIMIENTO

______ **6.** ¿Qué es lo que viaja de tu cerebro a las células de tus músculos esqueléticos cuando te mueves?
a. tendones
b. contracciones
c. tejido conectivo
d. señales

Lectura dirigida A *(continuación)*

Los músculos se unen a los huesos

Escribe la letra de la respuesta correcta en el espacio en blanco.

______ **7.** ¿Qué estructura conecta un músculo esquelético con un hueso?
- **a.** cartílago
- **b.** médula
- **c.** tendón
- **d.** ligamento

Los músculos trabajan en pares

Escribe en el espacio en blanco la letra del término que corresponde a cada descripción.

______ **8.** músculo que dobla una parte del cuerpo

______ **9.** músculo que extiende una parte del cuerpo

a. flexor

b. extensor

PALANCAS EN EL CUERPO HUMANO

Escribe la letra de la respuesta correcta en el espacio en blanco.

______ **10.** ¿Cómo se denomina el aumento en el trabajo que realiza una palanca?
- **a.** fuerza de esfuerzo
- **b.** ventaja mecánica
- **c.** fulcro
- **d.** carga

Escribe en el espacio en blanco la letra del término que corresponde a cada descripción.

______ **11.** la fuerza que se aplica a una palanca

______ **12.** el punto fijo de una palanca

______ **13.** una barra rígida que gira en un punto fijo

______ **14.** la fuerza que resiste el movimiento de una palanca

a. palanca

b. fuerza de esfuerzo

c. carga

d. fulcro

Lectura dirigida A *(continuación)*

Tres clases de palancas

Escribe en el espacio en blanco la letra del término que corresponde a cada descripción.

_______ **15.** La carga está entre el fulcro y la fuerza de esfuerzo.

_______ **16.** La fuerza de esfuerzo está entre el fulcro y la carga.

_______ **17.** El fulcro está entre la fuerza de esfuerzo y la carga.

a. palanca de primera clase

b. palanca de segunda clase

c. palanca de tercera clase

HAZ EJERCICIO

Escribe en el espacio en blanco la letra del término que corresponde a cada descripción.

_______ **18.** Fortalece y agranda los músculos.

_______ **19.** Permite que los músculos trabajen por más tiempo sin cansarse.

a. resistencia

b. ejercicio

Escribe en el espacio en blanco la letra del término que corresponde a cada descripción.

_______ **20.** trabajar contra el peso de un objeto

_______ **21.** actividad continua, de intensidad moderada

a. ejercicio de resistencia

b. ejercicio aeróbico

LESIÓN DE UN MÚSCULO

Escribe la letra de la respuesta correcta en el espacio en blanco.

_______ **22.** ¿Qué se produce cuando un músculo o un tendón se estiran demasiado o se rompen?
- **a.** un esguince
- **b.** un desgarro
- **c.** tendinitis
- **d.** artritis

_______ **23.** ¿Qué palabra describe un tendón lesionado si tienes tendinitis?
- **a.** blando
- **b.** roto
- **c.** descansado
- **d.** inflamado

Escribe la letra de la respuesta correcta en el espacio en blanco.

_______ **24.** ¿Qué drogas toman algunas personas para fortalecer los músculos?

a. aspirinas
b. esteroides anabólicos
c. antibióticos
d. medicamentos contra la alergia

_______ **25.** ¿Cuál es uno de los problemas de salud que pueden producirse por tomar esteroides anabólicos?

a. mala visión
b. dolores de cabeza
c. daño al corazón
d. dolor de rodilla

Hoja de destrezas

Vocabulario y resumen de la sección A

Organización del cuerpo

VOCABULARIO

Define los siguientes términos con tus propias palabras. Usa el espacio en blanco correspondiente.

1. tejido

____

____

2. órgano

____

____

RESUMEN DE LA SECCIÓN

Lee el siguiente resumen de la sección.

- Un ser humano tiene muchos niveles de organización.
- La mayoría de las células humanas tienen estructuras diferenciadas para funciones o tareas específicas dentro del cuerpo.
- Un grupo de células que trabajan en conjunto forman un tejido. Los tejidos forman órganos. Los órganos que trabajan en conjunto forman sistemas o aparatos de órganos.
- Existen cuatro tipos de tejidos en el cuerpo humano.
- Existen 11 aparatos o sistemas de órganos en el cuerpo humano.
- Los aparatos y sistemas de órganos trabajan en conjunto para que el cuerpo mantenga la homeostasis.

Nombre ______________________ Clase ______________ Fecha __________

Hoja de destrezas

Vocabulario y resumen de la sección A

Sistema esquelético

VOCABULARIO

Define los siguientes términos con tus propias palabras. Usa el espacio en blanco correspondiente.

1. sistema esquelético

____

____

2. articulación

____

____

RESUMEN DE LA SECCIÓN

Lee el siguiente resumen de la sección.

- El sistema esquelético incluye a los huesos, los cartílagos y el tejido conectivo que conecta los huesos.
- Los huesos protegen el cuerpo, almacenan minerales, permiten el movimiento y fabrican células sanguíneas.
- Las articulaciones son lugares donde se unen dos o más huesos.
- Las lesiones del sistema esquelético incluyen fracturas, dislocaciones y esguinces. Entre las enfermedades del sistema esquelético están la osteoporosis y la artritis.

Nombre ______________________ Clase ______________ Fecha __________

Hoja de destrezas

Vocabulario y resumen de la sección A

Sistema muscular

VOCABULARIO

Define los siguientes términos con tus propias palabras. Usa el espacio en blanco correspondiente.

1. sistema muscular

____

____

2. palanca

____

____

3. ventaja mecánica

____

____

RESUMEN DE LA SECCIÓN

Lee el siguiente resumen de la sección.

- Los tres tipos de tejido muscular son el músculo liso, el músculo cardíaco y el músculo esquelético.
- Los músculos esqueléticos trabajan en pares. Los músculos esqueléticos se contraen para mover los huesos.
- Los músculos y los huesos trabajan en pares para formar palancas.
- Existen tres clases de palancas en el cuerpo humano. Las palancas proveen ventajas a los movimientos del cuerpo.
- Las palancas de primera y segunda clase incrementan la cantidad de fuerza aplicada a una carga. Las palancas de tercera clase incrementan la velocidad del movimiento.
- Los desgarros son lesiones que afectan a los músculos y los tendones. La tendinitis afecta a los tendones.

Nombre ______________________ Clase ______________ Fecha ____________

Hoja de destrezas

Lectura dirigida A

Sección: Aparato cardiovascular

TU APARATO CARDIOVASCULAR

Escribe en el espacio en blanco la letra del término que corresponde a cada descripción.

_______ **1.** El corazón y los vasos sanguíneos forman parte de este aparato.

_______ **2.** Los vasos sanguíneos la transportan por todo el cuerpo.

_______ **3.** La sangre se bombea al cuerpo a través de él/ella.

_______ **4.** El aparato cardiovascular ayuda a mantenerla.

a. sangre
b. cardiovascular
c. homeostasis
d. corazón

EL CORAZÓN

Escribe la letra de la respuesta correcta en el espacio en blanco.

_______ **5.** ¿Cuál de las siguientes opciones tiene aproximadamente el mismo tamaño que el corazón?
a. la cabeza
b. la nariz
c. el dedo pulgar
d. el puño

_______ **6.** ¿Cómo se llaman las cámaras superiores del corazón?
a. aurículas
b. ventrículos
c. válvulas
d. cardios

_______ **7.** ¿Cómo se llaman las cámaras inferiores del corazón?
a. aurículas
b. ventrículos
c. válvulas
d. cardios

_______ **8.** ¿Qué tipo de sangre reciben los pulmones?
a. tipo A
b. tipo B
c. rica en oxígeno
d. pobre en oxígeno

______ **9.** ¿Qué tipo de sangre recibe el cuerpo?
a. tipo A
b. rica en oxígeno
c. tipo B
d. pobre en oxígeno

______ **10.** ¿Qué causa el sonido de un corazón que late?
a. la contracción de las aurículas
b. el cierre de las válvulas
c. la contracción de los ventrículos
d. la relajación de las aurículas

VASOS SANGUÍNEOS

Escribe en el espacio en blanco la letra del término que corresponde a cada descripción.

______ **11.** transportan la sangre que sale del corazón

______ **12.** permiten intercambios entre la sangre y las células

______ **13.** transportan la sangre al corazón

______ **14.** provocado por las contracciones rítmicas del corazón

______ **15.** incluyen arterias, capilares y venas

a. capilares
b. arterias
c. vasos sanguíneos
d. venas
e. pulso

DOS TIPOS DE CIRCULACIÓN

Escribe en el espacio en blanco la letra del término que corresponde a cada descripción.

______ **16.** flujo de sangre entre el corazón y los pulmones

______ **17.** flujo de sangre entre el corazón y el resto del cuerpo

a. circulación sistémica
b. circulación pulmonar

PROBLEMAS CARDIOVASCULARES

Escribe la letra de la respuesta correcta en el espacio en blanco.

______ **18.** ¿Qué puede reducir el riesgo de sufrir problemas cardiovasculares?
a. fumar
b. seguir una dieta saludable y hacer ejercicio
c. tener niveles altos de colesterol
d. evitar el ejercicio

Lectura dirigida A *(continuación)*

Aterosclerosis

_______ **19.** ¿Cómo se llama a la acumulación de colesterol en una arteria?
a. hipertensión
b. ataque cardíaco
c. fallo cardíaco
d. aterosclerosis

_______ **20.** ¿Qué puede hacer que las arterias se estrechen?
a. una apoplejía
b. un ataque cardíaco
c. un fallo cardíaco
d. la aterosclerosis

Alta presión sanguínea

_______ **21.** ¿Qué otro término describe la presión sanguínea alta?
a. hipertensión
b. ataque cardíaco
c. fallo cardíaco
d. aterosclerosis

_______ **22.** ¿Qué puede ocurrir si se bloquea una arteria del cerebro?
a. un fallo cardíaco
b. un ataque cardíaco
c. una apoplejía
d. una aterosclerosis

Ataque cardíaco y fallo cardíaco

_______ **23.** ¿Qué puede ocurrir si el músculo cardíaco no recibe suficiente sangre?
a. hipertensión
b. un ataque cardíaco
c. un fallo cardíaco
d. aterosclerosis

_______ **24.** ¿Qué ocurre cuando el corazón no puede bombear suficiente sangre?
a. hipertensión
b. un ataque cardíaco
c. un fallo cardíaco
d. aterosclerosis

Nombre ______________________________ Clase ________________ Fecha ____________

Hoja de destrezas

Lectura dirigida A

Sección: Sangre

Escribe la letra de la respuesta correcta en el espacio en blanco.

_______ **1.** ¿Cuánta sangre tiene un adulto?
- **a.** 5 litros
- **b.** 10 litros
- **c.** 50 litros
- **d.** 100 litros

COMPONENTES DE LA SANGRE

_______ **2.** ¿Qué sistema o aparato forman el corazón, los vasos sanguíneos y la sangre?
- **a.** el sistema esquelético
- **b.** el sistema muscular
- **c.** el aparato digestivo
- **d.** el aparato cardiovascular

_______ **3.** ¿De qué se compone la sangre?
- **a.** oxígeno y plasma
- **b.** glóbulos rojos y glóbulos blancos
- **c.** plasma, glóbulos rojos, plaquetas y glóbulos blancos
- **d.** plasma y plaquetas

Plasma

_______ **4.** ¿Qué es el plasma?
- **a.** sólo glóbulos blancos
- **b.** sólo glóbulos rojos
- **c.** la parte líquida de la sangre
- **d.** la hemoglobina

Glóbulos rojos

_______ **5.** ¿Cuáles son las células sanguíneas más comunes?
- **a.** los glóbulos rojos
- **b.** los glóbulos blancos
- **c.** las plaquetas
- **d.** el plasma

_______ **6.** ¿Qué células reciben oxígeno de los glóbulos rojos?
- **a.** todas las células
- **b.** sólo las células de la piel
- **c.** sólo las células de los músculos
- **d.** sólo las células de los huesos

_______ **7.** ¿Qué se adhiere al oxígeno que inhalas y transporta oxígeno en los glóbulos rojos?
a. el plasma
b. la hemoglobina
c. las plaquetas
d. la médula ósea

Plaquetas

_______ **8.** ¿Dónde se forman las plaquetas?
a. en el plasma
b. en la médula ósea
c. en los glóbulos blancos
d. en los glóbulos rojos

_______ **9.** ¿Por qué se acumulan las plaquetas?
a. para producir oxígeno
b. para reducir el oxígeno
c. para producir pérdida de sangre
d. para reducir la pérdida de sangre

Glóbulos blancos

_______ **10.** ¿Qué son los patógenos?
a. bacterias, virus y otros microorganismos que pueden enfermarte
b. plaquetas grandes
c. anticuerpos
d. fibras diminutas

_______ **11.** ¿Qué destruye a los patógenos?
a. los glóbulos rojos
b. los glóbulos blancos
c. las plaquetas
d. el plasma

_______ **12.** ¿Qué parte de la sangre destruye a las células muertas y dañadas?
a. los glóbulos blancos
b. los glóbulos rojos
c. las plaquetas
d. los patógenos

REGULACIÓN DE LA TEMPERATURA CORPORAL

Escribe en el espacio en blanco la letra del término que corresponde a cada descripción.

______ **13.** ayuda a regular tu temperatura corporal

______ **14.** se agrandan cuando aumenta la temperatura de tu cuerpo

______ **15.** disminuye cuando el calor pasa de la sangre a la piel

a. sangre
b. temperatura
c. vasos sanguíneos

PRESIÓN SANGUÍNEA

Escribe en el espacio en blanco la letra del término que corresponde a cada descripción.

______ **16.** la fuerza de la sangre que empuja las paredes de las arterias

______ **17.** presión dentro de las arterias principales cuando los ventrículos se contraen

______ **18.** presión dentro de las arterias principales cuando los ventrículos se relajan

a. diastólica
b. sistólica
c. presión sanguínea

TIPOS DE SANGRE

Escribe en el espacio en blanco la letra del término que corresponde a cada descripción.

______ **19.** sustancias químicas en los glóbulos rojos que determinan el tipo de sangre

______ **20.** antígenos de la sangre del tipo A

______ **21.** antígenos de la sangre del tipo B

a. antígenos
b. antígenos A
c. antígenos B

TIPOS SANGUÍNEOS Y TRANSFUSIONES

Escribe la letra de la respuesta correcta en el espacio en blanco.

______ **22.** ¿Qué se reemplaza durante una transfusión?
a. la temperatura corporal perdida
b. los patógenos perdidos
c. la sangre perdida
d. los anticuerpos perdidos

______ **23.** ¿Qué puede ocurrir si recibes el tipo de sangre equivocada?
a. Tu tipo de sangre podría cambiar.
b. Podrías necesitar más glóbulos blancos.
c. Podrías recibir demasiado oxígeno.
d. Podrías morir.

TRASTORNOS SANGUÍNEOS

Escribe en el espacio en blanco la letra del término que corresponde a cada descripción.

______ **24.** trastorno que impide la formación normal de coágulos sanguíneos

______ **25.** cáncer que afecta a las células sanguíneas

a. leucemia

b. hemofilia

Nombre ______________________ Clase ______________ Fecha ____________

Hoja de destrezas

Lectura dirigida A

Sección: Aparato respiratorio

Escribe la letra de la respuesta correcta en el espacio en blanco.

_____ **1.** ¿Para qué necesita oxígeno el cuerpo?
- **a.** para obtener energía de los alimentos
- **b.** para elaborar su propio alimento
- **c.** para combatir infecciones
- **d.** para formar más sangre

LA RESPIRACIÓN Y EL APARATO RESPIRATORIO

Escribe en el espacio en blanco la letra del término que corresponde a cada descripción.

_____ **2.** el proceso por el cual el cuerpo usa oxígeno y libera dióxido de carbono y agua

_____ **3.** el proceso de inhalación y exhalación

_____ **4.** los órganos que toman oxígeno y eliminan dióxido de carbono

- **a.** respiración
- **b.** aparato respiratorio
- **c.** respiración pulmonar

Nariz, faringe y laringe

_____ **5.** el pasaje principal de entrada y salida del aparato respiratorio

_____ **6.** el área de la garganta que produce sonidos

_____ **7.** la garganta

- **a.** faringe
- **b.** nariz
- **c.** laringe

Tráquea

Escribe la letra de la respuesta correcta en el espacio en blanco.

_____ **8.** ¿Qué otro término describe a la tráquea?
- **a.** nariz
- **b.** garganta
- **c.** amígdalas
- **d.** conducto respiratorio

_____ **9.** ¿Qué pasa por la tráquea?
- **a.** sangre hacia el corazón
- **b.** aire a los pulmones
- **c.** alimento hacia el estómago
- **d.** linfa a los nódulos linfáticos

Bronquios y alvéolos

_______ **10.** ¿Cuál es el tubo que conecta los pulmones con la tráquea?
- **a.** la faringe
- **b.** la nariz
- **c.** la laringe
- **d.** el bronquio

_______ **11.** ¿Qué son los bronquiolos?
- **a.** ramificaciones más pequeñas de los bronquios
- **b.** sacos diminutos de los pulmones
- **c.** tubos cerca de la laringe
- **d.** la faringe

_______ **12.** ¿Qué son los alveolos?
- **a.** ramificaciones más pequeñas de los bronquios
- **b.** sacos diminutos de los pulmones
- **c.** tubos cerca de la laringe
- **d.** la faringe

RESPIRACIÓN PULMONAR

Escribe en el espacio en blanco la letra del término que corresponde a cada descripción.

_______ **13.** se contrae y se mueve hacia abajo cuando inhalas

_______ **14.** se contraen y levantan la caja torácica

a. diafragma

b. músculos intercostales

Respiración pulmonar y respiración celular

Escribe en el espacio en blanco la letra del término que corresponde a cada descripción.

_______ **15.** Cuando inhalas, tomas este elemento.

_______ **16.** Las células usan oxígeno para liberarlo/la.

a. energía

b. oxígeno

Trastornos respiratorios

Escribe la letra de la respuesta correcta en el espacio en blanco.

______ **17.** ¿Qué puede provocar asma?
- **a.** las células sanguíneas
- **b.** el polvo o el polen
- **c.** los antígenos
- **d.** el SARS

______ **18.** ¿Cuál es la causa del SARS?
- **a.** las células sanguíneas
- **b.** el polvo o el polen
- **c.** un virus
- **d.** las bacterias

______ **19.** ¿Las personas con trastornos respiratorios pueden tener dificultades para realizar cuál de las siguientes funciones?
- **a.** eliminar oxígeno
- **b.** obtener dióxido de carbono
- **c.** eliminar el dióxido de carbono
- **d.** obtener demasiada energía

Nombre ______________________ Clase ______________ Fecha ____________

Hoja de destrezas

Vocabulario y resumen de la sección A

Aparato cardiovascular

VOCABULARIO

Define los siguientes términos en tus propias palabras. Usa el espacio en blanco correspondiente.

1. aparato cardiovascular

2. arteria

3. capilar

4. vena

5. circulación pulmonar

6. circulación sistémica

RESUMEN DE LA SECCIÓN

Lee el siguiente resumen de la sección.

- Las partes del aparato cardiovascular incluyen el corazón, tres tipos de vasos sanguíneos y la sangre.
- Las contracciones del corazón bombean sangre a través del cuerpo. Las válvulas aseguran que la sangre fluya en una sola dirección.
- Los tres tipos de vasos sanguíneos son las arterias, las venas y los capilares.
- La sangre pobre en oxígeno fluye del corazón a los pulmones, donde incorpora oxígeno. La sangre rica en oxígeno fluye del corazón al resto del cuerpo.
- Algunos problemas cardiovasculares incluyen la aterosclerosis, la hipertensión, las apoplejías, los ataques cardíacos y los fallos cardíacos.

Nombre ______________________ Clase ______________ Fecha ____________

Hoja de destrezas

Vocabulario y resumen de la sección A

Sangre

VOCABULARIO

Define los siguientes términos en tus propias palabras. Usa el espacio en blanco correspondiente.

1. sangre

____

____

____

2. presión sanguínea

____

____

____

RESUMEN DE LA SECCIÓN

Lee el siguiente resumen de la sección.

- Los cuatro componentes principales de la sangre son el plasma, los glóbulos rojos, las plaquetas y los glóbulos blancos.
- La sangre lleva oxígeno y nutrientes a las células y ayuda al cuerpo a protegerse de las enfermedades y a regular la temperatura.
- La presión sanguínea es la fuerza que la sangre ejerce en el interior de las paredes de las arterias. A menudo se expresa con la unidad de milímetros de mercurio.
- Todas las personas tienen uno de los cuatro tipos de sangre ABO.
- La pérdida de sangre, mezclar tipos de sangre y los trastornos sanguíneos pueden ser mortales.

Nombre ______________________ Clase ______________ Fecha ____________

Hoja de destrezas

Vocabulario y resumen de la sección A

Aparato respiratorio

VOCABULARIO

Define los siguientes términos en tus propias palabras. Usa el espacio en blanco correspondiente.

1. respiración

____

____

2. aparato respiratorio

____

____

3. faringe

____

____

4. laringe

____

____

5. tráquea

____

____

6. bronquio

____

____

7. alveolo

____

____

RESUMEN DE LA SECCIÓN

Lee el siguiente resumen de la sección.

- El aire va a los pulmones a través de la nariz o la boca, la faringe, la laringe, la tráquea y los bronquios. Los bronquios se ramifican en bronquiolos, que se ramifican en alveolos.
- En la respiración pulmonar participan los pulmones, los músculos de la caja torácica y el diafragma.
- El oxígeno entra en la sangre por los alveolos de los pulmones. El dióxido de carbono se elimina de la sangre y se exhala.
- Algunos trastornos respiratorios son el asma, el enfisema y el SARS.

Nombre ______________________________ Clase ______________ Fecha __________

Hoja de destrezas

Lectura dirigida A

Sección: Sistema nervioso

DOS SISTEMAS EN UNO

Escribe la letra de la respuesta correcta en el espacio en blanco.

______ **1.** ¿Qué hace el sistema nervioso?
a. bombea sangre
b. recolecta e interpreta información
c. digiere alimentos
d. elimina desechos

______ **2.** ¿Qué parte del sistema nervioso incluye el encéfalo y la médula espinal?
a. el sistema nervioso periférico
b. el sistema nervioso central
c. el sistema nervioso somático
d. el sistema nervioso autónomo

______ **3.** ¿Qué parte del sistema nervioso incluye todas sus partes a excepción del encéfalo y la médula espinal?
a. el sistema nervioso periférico
b. el sistema nervioso central
c. el sistema nervioso somático
d. el sistema nervioso autónomo

SISTEMA NERVIOSO PERIFÉRICO

______ **4.** ¿Cómo se llaman las células especiales de tu cuerpo que transmiten mensajes?
a. impulsos
b. homeostasis
c. neuronas
d. cuerpos celulares

______ **5.** ¿Cómo se llaman los mensajes eléctricos rápidos que viajan a través de las células nerviosas?
a. impulsos
b. dendritas
c. axones
d. cuerpos celulares

Nombre ______________________ Clase ______________ Fecha __________

Estructura de las neuronas

Escribe en el espacio en blanco la letra del término que corresponde a cada descripción.

_______ **6.** permite a la neurona recibir información

_______ **7.** transporta impulsos desde el cuerpo celular

_______ **8.** tiene un núcleo y organelos celulares

a. cuerpo celular
b. dendrita
c. axón

Neuronas sensoriales: recolectar información

Escribe la letra de la respuesta correcta en el espacio en blanco.

_______ **9.** ¿Qué neuronas recolectan información acerca de lo que sucede dentro de tu cuerpo?
a. las motoras
b. las sensoriales
c. las receptoras
d. las luminosas

_______ **10.** ¿Qué son las terminaciones nerviosas especializadas ubicadas en los extremos de las neuronas sensoriales?
a. axones
b. músculos
c. receptores
d. núcleos

Neuronas motoras: transmitir órdenes

_______ **11.** ¿Qué neuronas envían impulsos desde el encéfalo y la médula espinal?
a. las neuronas motoras
b. las neuronas sensoriales
c. los receptores
d. las luminosas

NERVIOS

_______ **12.** ¿Qué conecta al sistema nervioso central con el resto del cuerpo?
a. los axones
b. los nervios
c. los vasos sanguíneos
d. el tejido conectivo

_______ **13.** ¿Cuál de las siguientes opciones forma parte de los nervios?
a. los músculos esqueléticos
b. las células dérmicas
c. los axones
d. los huesos

SISTEMA NERVIOSO SOMÁTICO Y AUTÓNOMO

_______ **14.** ¿Cuáles son los dos tipos de neuronas motoras del SNP que transmiten las respuestas del SNC?
- **a.** simpáticas y parasimpáticas
- **b.** centrales y periféricas
- **c.** somáticas y autónomas
- **d.** voluntarias e involuntarias

Sistema nervioso somático

_______ **15.** ¿Cuál de las siguientes opciones NO está bajo el control del sistema nervioso somático?
- **a.** la frecuencia cardíaca
- **b.** saltar
- **c.** hablar
- **d.** escribir

Sistema nervioso autónomo

_______ **16.** ¿Cuál de las siguientes opciones está bajo el control del sistema nervioso autónomo?
- **a.** la frecuencia cardíaca
- **b.** saltar
- **c.** hablar
- **d.** escribir

_______ **17.** ¿Cuáles son las dos divisiones del sistema nervioso autónomo?
- **a.** simpático y parasimpático
- **b.** central y periférico
- **c.** somático y autónomo
- **d.** voluntario e involuntario

SISTEMA NERVIOSO CENTRAL

_______ **18.** ¿De cuál de las siguientes opciones recibe información el sistema nervioso central?
- **a.** las neuronas somáticas
- **b.** las neuronas autónomas
- **c.** las neuronas motoras
- **d.** las neuronas sensoriales

Encéfalo

_______ **19.** ¿Cuál es el centro de control principal del sistema nervioso?
- **a.** la médula espinal
- **b.** el encéfalo
- **c.** las neuronas
- **d.** los nervios

_______ **20.** ¿Cuáles son las tres partes principales del encéfalo?
a. cerebro, cerebelo y bulbo raquídeo
b. médula espinal, cerebro y cerebelo
c. bulbo raquídeo, médula espinal y cerebro
d. bulbo raquídeo, médula espinal y cerebelo

Cerebro

_______ **21.** ¿Cuál es la parte más grande del encéfalo?
a. el hemisferio derecho
b. el hemisferio izquierdo
c. el cerebro
d. el bulbo raquídeo

_______ **22.** ¿Qué parte del cerebro controla el lado derecho del cuerpo?
a. el hemisferio derecho
b. el hemisferio izquierdo
c. el hemisferio superior
d. el hemisferio inferior

Cerebelo

_______ **23.** ¿Qué parte del encéfalo te ayuda a mantener el equilibrio?
a. el cerebro
b. el hemisferio
c. el cerebelo
d. el bulbo raquídeo

Bulbo raquídeo

_______ **24.** ¿Qué proceso involuntario está bajo el control del bulbo raquídeo?
a. el equilibrio
b. el habla
c. la memoria
d. la frecuencia cardíaca

MÉDULA ESPINAL

_______ **25.** ¿Cómo se llaman los huesos que protegen tu médula espinal?
a. neuronas
b. homeostasis
c. vértices
d. vértebras

Lesiones de la médula espinal

_______ **26.** ¿Una lesión de la médula espinal puede afectar a cuál de las siguientes opciones?
a. el sentido del olfato
b. la vista
c. el sentido del tacto
d. la audición

Nombre ______________________ Clase ______________ Fecha __________

Hoja de destrezas

Lectura dirigida A

Sección: Percibir el ambiente

Escribe la letra de la respuesta correcta en el espacio en blanco.

______ **1.** ¿Cómo se llama el estado de conciencia provocado por la llegada de los mensajes sensoriales al encéfalo?

a. receptores
b. reconocimiento
c. sensación
d. latido del corazón

SENTIDO DEL TACTO

______ **2.** ¿Qué sistema forma una cubierta de protección en la parte exterior del cuerpo?

a. el sistema nervioso
b. el sistema receptor
c. el sistema sensorial
d. el sistema integumentario

______ **3.** ¿Qué tipo de receptores responden a la temperatura?

a. los termorreceptores
b. los receptores de vibración
c. los receptores de sonido
d. los receptores de presión

______ **4.** ¿Cuál de las siguientes opciones NO pueden detectar los receptores de la piel?

a. la vibración
b. la presión
c. el dolor
d. la luz

RESPUESTA A LOS MENSAJES SENSORIALES

______ **5.** ¿Cómo se llama una acción inmediata e involuntaria?

a. dolor
b. sensación
c. reflejo
d. estímulo

Mecanismos de retroalimentación

______ **6.** ¿Cuál de las siguientes opciones describe el proceso de enfriamiento del cuerpo?

a. un reflejo
b. una respuesta somática
c. un mecanismo de retroalimentación
d. una sensación

SENTIDO DE LA VISTA

Escribe en el espacio en blanco la letra del término que corresponde a cada descripción.

_____ **7.** la abertura que se ubica en el centro del iris

_____ **8.** una capa de células sensibles a la luz

_____ **9.** una neurona especial que responde a la energía de la luz

_____ **10.** una membrana transparente que protege al ojo

a. retina
b. pupila
c. córnea
d. fotorreceptor

Reaccionar a la luz

Escribe la letra de la respuesta correcta en el espacio en blanco.

_____ **11.** ¿Qué orificio permite que la luz entre en el ojo?
a. la pupila
b. la retina
c. el iris
d. los bastoncillos

_____ **12.** ¿Qué controla la cantidad de luz que entra en el ojo?
a. la pupila
b. el iris
c. la retina
d. los bastoncillos

Enfocar la luz

_____ **13.** ¿Cómo se llama el material transparente y curvo que se encuentra detrás del iris?
a. nervio óptico
b. cristalino
c. retina
d. bastoncillo

_____ **14.** ¿Qué se produce cuando el cristalino enfoca la luz delante de la retina?
a. miopía
b. hipermetropía
c. ceguera
d. visión normal

_____ **15.** ¿Qué se produce cuando el cristalino enfoca la luz detrás de la retina?
a. miopía
b. hipermetropía
c. ceguera
d. visión normal

SENTIDO DEL OÍDO

Escribe en el espacio en blanco la letra del término que corresponde a cada descripción.

______ **16.** tubo del oído interno que es esencial para poder oír

______ **17.** parte del oído que conduce el sonido al oído medio

______ **18.** membrana delgada que separa el oído medio del oído externo

a. tímpano
b. oído externo
c. cóclea

El oído externo y el sonido

Escribe la letra de la respuesta correcta en el espacio en blanco.

______ **19.** ¿Qué parte del oído recoge las ondas sonoras?
a. la cóclea
b. el tímpano
c. el oído interno
d. el oído externo

Mantener el equilibrio

______ **20.** ¿Qué te permiten hacer tus oídos, además de oír?
a. respirar
b. mantener el equilibrio
c. regular la temperatura
d. ver

SENTIDO DEL GUSTO

Escribe en el espacio en blanco la letra del término que corresponde a cada descripción.

______ **21.** pequeñas protuberancias que cubren la lengua

______ **22.** están contenidas en las papilas

______ **23.** están contenidas en las papilas gustativas

a. papilas gustativas
b. papilas
c. células gustativas

SENTIDO DEL OLFATO

Escribe la letra de la respuesta correcta en el espacio en blanco.

______ **24.** ¿En cuál de las siguientes opciones están ubicados los receptores de los olores?
a. en las células olfativas
b. en las células pilosas
c. en las células gustativas
d. en las células de la retina

Nombre ______________________ Clase ______________ Fecha __________

Hoja de destrezas

Vocabulario y resumen de la sección A

Sistema nervioso

VOCABULARIO

Define los siguientes términos en tus propias palabras. Usa el espacio en blanco correspondiente.

1. sistema nervioso central

____

____

____

2. sistema nervioso periférico

____

____

____

3. neurona

____

____

____

4. nervio

____

____

____

5. encéfalo

____

____

____

RESUMEN DE LA SECCIÓN

Lee el siguiente resumen de la sección.

- El sistema nervioso central (SNC) está formado por el encéfalo y la médula espinal.
- El sistema nervioso periférico (SNP) está formado por todas las partes del sistema nervioso, excepto el encéfalo y la médula espinal.
- Los nervios del sistema nervioso periférico son manojos de axones, vasos sanguíneos y tejido conectivo.
- Las neuronas sensoriales tienen receptores que detectan información sobre el cuerpo y su entorno. Las neuronas motoras envían mensajes del encéfalo y de la médula espinal a otras partes del cuerpo.
- EL SNP tiene dos tipos de neuronas motoras: las neuronas somáticas y las autónomas.
- El cerebro es la parte más grande del encéfalo y controla el pensamiento, los sentidos y el movimiento voluntario.
- El cerebelo es la parte del encéfalo que registra la posición del cuerpo y ayuda a mantener el equilibrio.
- El bulbo raquídeo controla los procesos involuntarios, tales como la respiración y la regulación del ritmo cardíaco, la presión sanguínea y la temperatura corporal.

Nombre ______________________ Clase ______________ Fecha ____________

Hoja de destrezas

Vocabulario y resumen de la sección A

Percibir el ambiente

VOCABULARIO

Define los siguientes términos en tus propias palabras. Usa el espacio en blanco correspondiente.

1. sistema integumentario

____

____

2. reflejo

____

____

3. mecanismo de retroalimentación

____

____

4. pupila

____

____

5. retina

____

____

6. iris

____

____

7. cóclea

____

____

RESUMEN DE LA SECCIÓN

Lee el siguiente resumen de la sección.

- El tacto permite responder a la temperatura, la presión, el dolor y la vibración sobre la piel.
- Los reflejos y los mecanismos de retroalimentación ayudan a responder al ambiente.
- La vista permite responder a la energía luminosa. El ojo tiene estructuras especializadas para responder a la luz.
- El oído permite responder a la energía sonora. El oído tiene estructuras especializadas para responder a la información de las ondas sonoras.
- El gusto permite distinguir los sabores.
- El olfato permite percibir diferentes olores.

Nombre ______________________ Clase ______________ Fecha ____________

Hoja de destrezas

Lectura dirigida A

Sección: Reproducción humana

EL APARATO REPRODUCTOR MASCULINO

Escribe en el espacio en blanco la letra del término que corresponde a cada descripción.

_____ **1.** Produce un fluido que se mezcla con los espermatozoides.

_____ **2.** Produce espermatozoides y testosterona.

_____ **3.** El semen se desplaza a través de este tubo.

_____ **4.** Este órgano externo hace entrar el semen en el cuerpo femenino.

a. uretra
b. testículo
c. pene
d. glándula próstata

Escribe en el espacio en blanco la letra del término que corresponde a cada descripción.

_____ **5.** hormona sexual masculina

_____ **6.** lugar donde se almacenan los espermatozoides

_____ **7.** tubo que lleva a la glándula próstata

_____ **8.** mezcla de espermatozoides y fluido

a. conducto deferente
b. semen
c. testosterona
d. epidídimo

Liberación de los espermatozoides

Escribe la letra de la respuesta correcta en el espacio en blanco.

_____ **9.** ¿Cuál de las siguientes afirmaciones NO es verdadera?
- **a.** La fecundación ocurre cuando los espermatozoides entran en el óvulo.
- **b.** La fecundación sólo puede ocurrir después de la eyaculación masculina.
- **c.** Se necesitan pocos espermatozoides para que ocurra la fecundación.
- **d.** La fecundación puede ocurrir sin que el hombre eyacule.

EL APARATO REPRODUCTOR FEMENINO

_____ **10.** ¿Cuáles son los órganos femeninos que producen óvulos?
- **a.** las trompas de Falopio
- **b.** el útero
- **c.** los ovarios
- **d.** la vagina

______ **11.** ¿Cuál de las siguientes opciones son hormonas sexuales femeninas?
- **a.** testosterona y estrógeno
- **b.** cromosoma y testosterona
- **c.** estrógeno y progesterona
- **d.** ovulación y estrógeno

El trayecto del óvulo

Escribe en el espacio en blanco la letra del término que corresponde a cada descripción.

______ **12.** el lugar donde generalmente se fecundan los óvulos

______ **13.** cuando el ovario libera un óvulo

______ **14.** el lugar donde se desarrolla un óvulo fecundado

______ **15.** el canal por el que pasan los bebés durante el nacimiento

- **a.** útero
- **b.** trompa de Falopio
- **c.** vagina
- **d.** ovulación

El ciclo menstrual

Escribe en el espacio en blanco la letra del término que corresponde a cada descripción.

______ **16.** cuando el útero elimina sangre y tejido

______ **17.** un ciclo menstrual completo

______ **18.** cuando ocurre la ovulación

- **a.** día 14 del ciclo menstrual
- **b.** día 1 del ciclo menstrual
- **c.** alrededor de 28 días

FECUNDACIÓN

Escribe la letra de la respuesta correcta en el espacio en blanco.

______ **19.** ¿Cuántas copias de cada cromosoma tiene un óvulo fecundado?
- **a.** una
- **b.** dos
- **c.** tres
- **d.** cuatro

NACIMIENTOS MÚLTIPLES

Escribe en el espacio en blanco la letra del término que corresponde a cada descripción.

_______ **20.** dar a luz a más de un bebé al mismo tiempo

_______ **21.** hermanos que tienen genes que son exactamente iguales

_______ **22.** hermanos que no tienen genes exactamente iguales

a. gemelos
b. nacimiento múltiple
c. mellizos

PROBLEMAS DEL APARATO REPRODUCTOR

Enfermedades de transmisión sexual (ETS)

Escribe la letra de la respuesta correcta en el espacio en blanco.

_______ **23.** ¿Cómo puede una persona contraer una enfermedad de transmisión sexual?
a. por la tos
b. durante el contacto sexual
c. en baños sucios
d. al dar la mano

_______ **24.** ¿Cuál de las siguientes opciones es una ETS, o una enfermedad de transmisión sexual?
a. el SIDA
b. la gripe
c. un resfrío
d. el cáncer

_______ **25.** ¿Cuántos casos nuevos de hepatitis B aparecen cada año en Estados Unidos?
a. ninguno
b. 100,000
c. 120,000
d. 140,000

Cáncer

_______ **26.** ¿La multiplicación incontrolada de qué opción desencadena el cáncer?
a. óvulos
b. cigotos
c. células
d. útero

_______ **27.** ¿Qué tipo de cáncer del aparato reproductor es frecuente en los hombres?
a. el cáncer de próstata
b. el cáncer de pene
c. el cáncer de hígado
d. el cáncer de cuello de útero

______ **28.** ¿Qué tipo de cáncer del aparato reproductor es frecuente en las mujeres?
a. el cáncer de próstata
b. el cáncer de pene
c. el cáncer de hígado
d. el cáncer de cuello de útero

Infertilidad

______ **29.** ¿Qué no pueden hacer las parejas infértiles?
a. producir espermatozoides
b. contraer ETS
c. tener hijos
d. contraer cáncer

______ **30.** ¿Cuál es una causa de infertilidad en los hombres?
a. enfermedad del hígado
b. muy pocos descendientes
c. ovulación anormal
d. pocos espermatozoides sanos

Nombre ______________________ Clase ______________ Fecha ____________

Hoja de destrezas

Lectura dirigida A

Sección: Crecimiento y desarrollo

DE LA FECUNDACIÓN AL EMBRIÓN

Escribe la letra de la respuesta correcta en el espacio en blanco.

_______ **1.** ¿En qué lugar fecunda generalmente el espermatozoide al óvulo?
- **a.** en el útero
- **b.** en la trompa de Falopio
- **c.** en una membrana
- **d.** en un núcleo

_______ **2.** ¿Qué es un embrión?
- **a.** un bebé desde que nace hasta los dos años de vida
- **b.** un óvulo no fecundado
- **c.** un óvulo fecundado hasta la décima semana del embarazo
- **d.** un millón de espermatozoides

_______ **3.** ¿Cómo se llama el proceso a través del cual el embrión se fija al útero?
- **a.** fecundación
- **b.** implantación
- **c.** nacimiento múltiple
- **d.** ciclo menstrual

DEL EMBRIÓN AL FETO

_______ **4.** ¿A través de qué órgano la madre provee nutrientes al embrión en desarrollo?
- **a.** el útero
- **b.** la placenta
- **c.** la trompa de Falopio
- **d.** el cuello del útero

Semanas 1 y 2

_______ **5.** ¿A partir de qué momento cuentan los médicos el tiempo de embarazo de una mujer?
- **a.** a partir del día de la fecundación
- **b.** a partir del primer día de su último ciclo menstrual
- **c.** a partir del primer día de implantación del embrión
- **d.** a partir del momento en que los espermatozoides entran en el útero

Semanas 3 y 4

_______ **6.** ¿Cuándo se produce la fecundación?
a. al final del día 1
b. al final de la semana 1
c. al final de la semana 2
d. cuando se implanta el embrión

_______ **7.** ¿Cuál de las siguientes opciones comienza durante las primeras 4 semanas de embarazo?
a. Al embrión le crecen las uñas.
b. El embrión puede dar patadas.
c. El embrión puede ver la luz.
d. Se empiezan a formar los glóbulos rojos del embrión.

Semanas 5 a 8

_______ **8.** ¿Qué conecta al embrión con la placenta?
a. la membrana amniótica
b. el cordón umbilical
c. la trompa de Falopio
d. la médula espinal

_______ **9.** Durante las semanas 5 a 8, ¿qué parte del embrión crece rápidamente?
a. los brazos
b. los músculos
c. el cerebro
d. las papilas gustativas

Semanas 9 a 16

_______ **10.** ¿Cómo se llama al embrión después de la semana 10?
a. feto
b. embrión
c. niño
d. cigoto

_______ **11.** ¿Qué le sucede al feto durante las semanas 9 a 16?
a. Responde a la luz.
b. Se forma el cordón umbilical.
c. Puede oír sonidos.
d. Comienza a moverse.

Semanas 17 a 24

_______ **12.** En la semana 18, ¿a qué puede responder el feto?
- **a.** a la luz
- **b.** al lenguaje
- **c.** al sonido
- **d.** a los colores

Semanas 25 a 36

_______ **13.** En la semana 32, la actividad cerebral demuestra que el feto puede responder
- **a.** a los olores.
- **b.** a la luz.
- **c.** al tacto.
- **d.** a la temperatura.

NACIMIENTO

_______ **14.** ¿Cómo se llaman las contracciones que siente una madre al dar a luz?
- **a.** de tiempo completo
- **b.** placenta
- **c.** trabajo de parto
- **d.** útero

_______ **15.** ¿De qué parte del cuerpo de la madre sale el feto?
- **a.** de la vagina
- **b.** de la placenta
- **c.** del ombligo
- **d.** del cuello del útero

DEL NACIMIENTO A LA MUERTE

Primera infancia y niñez

_______ **16.** ¿Hasta qué edad se dice que el niño está en la primera infancia?
- **a.** 1 año
- **b.** 2 años
- **c.** 3 años
- **d.** 5 años

_______ **17.** ¿Cuál es uno de los cambios que experimentas durante la niñez?
- **a.** Aparecen los dientes de leche.
- **b.** Te crece el cabello.
- **c.** Aprendes a caminar.
- **d.** Aparecen los dientes permanentes.

Adolescencia

_______ **18.** ¿Qué te sucede durante la pubertad?
- **a.** Aparecen los dientes permanentes.
- **b.** Se desarrolla tu sistema nervioso.
- **c.** Tu aparato reproductor madura.
- **d.** Se coordinan tus músculos.

Edad adulta

_______ **19.** ¿Qué llega a su punto máximo cuando eres un adulto joven?
- **a.** tu proceso de envejecimiento
- **b.** tu desarrollo físico
- **c.** tu grasa corporal
- **d.** tu riqueza

_______ **20.** ¿Cuál es una señal común de envejecimiento en los adultos mayores?
- **a.** mayor flexibilidad
- **b.** ceguera
- **c.** canas
- **d.** incapacidad de caminar

Nombre ______________________ Clase ______________ Fecha ____________

Hoja de destrezas

Vocabulario y resumen de la sección A

Reproducción humana

VOCABULARIO

Define los siguientes términos en tus propias palabras. Usa el espacio en blanco correspondiente.

1. testículos

____

____

2. pene

____

____

3. ovario

____

____

4. útero

____

____

5. vagina

____

____

RESUMEN DE LA SECCIÓN

Lee el siguiente resumen de la sección.

- El aparato reproductor masculino produce espermatozoides y los lleva al aparato reproductor femenino.
- El aparato reproductor femenino produce óvulos, nutre a los cigotos y da a luz.
- Si los espermatozoides están presentes en el aparato reproductor femenino unos días después de la ovulación, puede ocurrir la fecundación.
- Un óvulo fecundado tiene un cromosoma de cada par de cromosomas de sus progenitores.
- Los seres humanos en general tienen un hijo por nacimiento, pero los nacimientos múltiples son posibles.
- La reproducción humana puede verse afectada por la infertilidad y por enfermedades como el cáncer.

Nombre ______________________ Clase ______________ Fecha ____________

Hoja de destrezas

Vocabulario y resumen de la sección A

Crecimiento y desarrollo

VOCABULARIO

Define los siguientes términos en tus propias palabras. Usa el espacio en blanco correspondiente.

1. embrión

____

____

2. placenta

____

____

3. embarazo

____

____

4. cordón umbilical

____

____

5. feto

____

____

RESUMEN DE LA SECCIÓN

Lee el siguiente resumen de la sección.

- La fecundación se produce cuando un espermatozoide del hombre se une a un óvulo de la mujer.
- Durante su desarrollo, el ser humano atraviesa muchos cambios entre la implantación y el nacimiento, primero como un embrión y luego como un feto.
- Durante el desarrollo de un ser humano, las células se diferencian.
- Durante el embarazo, el cordón umbilical y la placenta cobijan al ser humano en desarrollo dándole el oxígeno y los nutrientes y eliminando los materiales de desecho.
- La primera etapa del desarrollo humano abarca desde la fecundación al nacimiento.
- Después del nacimiento, un ser humano atraviesa cuatro etapas más de crecimiento y desarrollo.